室内设计原理与低碳环保理念

周海军　著

吉林出版集团股份有限公司
全国百佳图书出版单位

图书在版编目（CIP）数据

室内设计原理与低碳环保理念 / 周海军著. -- 长春：吉林出版集团股份有限公司，2022.12

ISBN 978-7-5731-2257-5

Ⅰ.①室… Ⅱ.①周… Ⅲ.①室内装饰设计－研究 Ⅳ.①TU238.2

中国版本图书馆CIP数据核字(2022)第175833号

SHINEI SHEJI YUANLI YU DITAN HUANBAO LINIAN

室内设计原理与低碳环保理念

著　　者　周海军
责任编辑　宫志伟
装帧设计　墨尊文化

出　　版　吉林出版集团股份有限公司
发　　行　吉林出版集团社科图书有限公司
地　　址　吉林省长春市南关区福祉大路5788号　邮编：130118
印　　刷　唐山富达印务有限公司
电　　话　0431-81629711（总编办）
抖 音 号　吉林出版集团社科图书有限公司 37009026326

开　　本　787 mm × 1092 mm　1 / 16
印　　张　10.75
字　　数　350 千
版　　次　2023 年 1 月第 1 版
印　　次　2023 年 1 月第 1 次印刷

书　　号　ISBN 978-7-5731-2257-5
定　　价　48.00 元

前　言

20世纪70年代后期，我国社会经济发展迅速，促进了各行各业的发展。伴随着建筑领域的迅速发展，室内设计和建筑装饰行业也逐渐繁荣起来。从事室内设计和建筑装饰行业的人员剧增。从社会建设需求出发，许多土建、艺术类院校及相关院校也增设了室内设计、建筑装饰、环境艺术设计等专业。一些单位和部门经常开设与此相关的高级专业技术培训班，以满足室内设计日益发展、不断提高和深化的需要。时至今日，上述专业仍是较热门的院校专业。但随着行业的发展，实践中存在的诸多问题也逐渐显现出来。

当前转变发展观念和方式，寻求低碳、环保、高效的发展之路，已经是各行各业发展和市场竞争的必然选择。对于大家而言，选择低碳、环保、绿色的生活和消费方式已是追求时尚、追求健康、追求幸福的不二法门。装修是营造良好生活环境的必要方式，也是和百姓生活息息相关的大事。随着科学技术的发展和绿色环保健康观念的普及，人们对装修也有了更高的要求。除了对生活用品和生活环境进行艺术加工，加强审美效果之外，更注重提高装修客体的功能、经济价值和社会效益。崇尚以低碳环保为设计理念，将完美的装饰与客体的功能紧密结合，适应制作工艺，发挥物质材料的性能，同时达到良好的艺术效果。当前室内设计行业面临着空前的机遇和挑战。推广低碳装饰装修是相关企业发展到现阶段的必然需要，也是提高自身核心竞争能力，为消费者提供更优质、更贴心的装饰装修服务的最佳途径。

本书基于我国当前阶段的行业发展现状，阐释室内设计原理与低碳环保理念的实际应用。全书共七章内容，主要介绍了室内设计的基础知识及相关原理以及低碳环保理念在室内设计及装修中的具体应用，旨在为行业发展提供参考、借鉴价值。

本书在编写过程中参阅了一些业内专家及学者的著作，在此向这些专家和学者们表示诚挚的谢意。由于笔者撰写水平有限，书中内容可能存在不足之处，望广大读者不吝指正。

目　　录

第一章　室内设计概述

第一节　室内设计的相关概念

人的一生，绝大部分时间是在室内度过的，因此，人们设计创造的室内环境，必然直接关系到室内生活、生产活动的质量，关系到人们的安全、健康、实用、舒适等。室内环境的创造，应该把保障安全和有利于人们的身心健康作为首要前提。涉及保障安全的有许多方面，例如：楼面的使用荷载应该符合原建筑设计的量化要求，不能随意改变和破坏承重结构的构件（梁、柱、楼板、承重墙体等）体系；确保消防安全通道和门的畅通，严格按防火规范要求使用装饰材料等；防止平顶装饰、灯具等物品的坠落，栏杆和外窗处窗台高度、栏杆开档尺度应符合安全尺寸；地面防止滑倒以及避免人体在室内接触尖锐的转角和外凸物等；一些装饰材料，如花岗石等，若含有超标的放射性物质，如氡等，接触中也是不安全的。室内设计应体现有利于人们身心健康的方面，例如：人们在室内环境中要有足够的活动面积和所需空间，必要的日照、自然采光和通风，符合检测标准的室内空气质量，以及舒适、愉悦的室内环境等。

人们对于室内环境除了有使用安排、冷暖光照等物质功能方面的需求，还常有与建筑物的类型、风格相适应的室内环境氛围、风格文脉等精神功能方面的需求。

由于人们长时间地生活、活动于室内，因此，现代室内设计又称室内环境设计，是整体环境设计系列中和人们关系最为密切的环节。室内设计的总体风格从宏观来看，往往能从一个侧面反映出相应时期社会物质和精神生活的特征。随着社会发展产生的历代的室内设计，总是具有时代的印记。这是由于室内设计从设计构思、施工工艺、装饰材料到内部设施都必然和社会当时的物质生产水平、社会文化和精神生活状态联系在一起；在室内空间组织、平面布局和装饰处理等方面，从总体来说，也和当时的哲学思想、美学观点、社会经济、民俗民风等密切相关。从微观的、个别的作品来看，室内设计水平的高低、质量的优劣又都与设计者的专业素质和文化艺术素养等联系在一起。至于各个单项设计最终实施后成果的品位，又和该项工程具体的施工技术、用材质量、设施配置情况，以及与建设者（即业主）的协调密切相关，即设计虽然是具有决定意义的、最关键的环节和前提，但最终成果的质量还有赖于施工、用材（包括设施）、与业主关系的整体协调。

现代室内设计，从设计理念、设计手法到施工阶段，以及室内环境的使用过程，也就是从设计、施工到使用的全过程中，都强调节约资源和能源、防止污染、有利于生态平衡以及可持续发展等具有时代特征的基本要求。

一、室内设计

室内设计是根据建筑物的使用性质、所处环境和相应标准等，运用物质技术手段和建筑美学原理，创造功能合理、舒适优美、满足人们物质和精神生活需要的室内环境。这一空间环境既具有使用价值，满足相应的功能需求，同时也反映了历史文脉、建筑风格、环境气氛等精神因素。

上述含义中明确地把“创造满足人们物质和精神生活需要的室内环境”作为室内设计的目的，即以环境为源、以人为本，围绕符合生态、发展可持续性的前提，为人的生活和生产活动创造美好的室内环境。

室内设计中，从整体上把握设计对象的依据因素是：（1）使用性质——为满足什么样的功能而设计建筑物和室内空间；（2）所处环境——既指这一建筑物和室内空间的周围环境状况，也指该设计项目所处的时代或时间阶段；（3）经济投入——相应工程项目的总投资和单方造价标准的控制。

设计师必须把握该设计对象的功能性定位、所在时空定位和经济标准定位，在设计的全过程中始终要防止定位偏差。

设计构思时，需要运用物质技术手段，即各类装饰材料和设施设备等，还需要遵循建筑美学原理。室内设计的艺术性除了有与绘画、雕塑等艺术之间共同的美学法则（如对称、均衡、比例、节奏等）之外，作为建筑美学更需要综合考虑使用功能、结构施工、材料设备、造价标准等多种因素。建筑美学总是和实用、技术、经济等因素结合在一起的，这是它有别于绘画、雕塑等纯艺术的差别所在，也可以说现代室内设计是在科技平台上的学术创作。

现代室内设计既有很高的艺术性的要求，又有很高的技术含量，并且与一些新兴学科，如人体工程学、环境心理学、环境物理学等关系极为密切。现代室内设计已经在环境设计系列中发展成为独立的新兴学科。

对室内设计含义的理解以及它与建筑设计的关系，从不同的视角、不同的侧重点来分析，许多学者的观点值得我们仔细思考和借鉴。例如：认为室内设计

“是建筑设计的继续和深化，是室内空间和环境的再创造”；认为室内设计是“建筑的灵魂，是人与环境的联系，是人类艺术与物质文明的结合”。

我国建筑师戴念慈先生认为，“建筑设计的出发点和着眼点是内涵的建筑空间，把空间效果作为建筑艺术追求的目标，而界面、门窗是构成空间必要的从属部分。从属部分是构成空间的物质基础，并对内涵空间使用的观感起决定性作用，然而毕竟是从属部分。至于外形，只是构成内涵空间的必然结果”。

建筑师普拉特纳则认为，室内设计“比设计包容这些内部空间的建筑物要困难得多”，这是因为在室内“你必须更多地同人打交道，研究人们的心理因素，以及如何能使他们感到舒适、兴奋。经验证明，这比同结构、建筑体系打交道要费心得多，也要求有更加专门的训练”。

美国前室内设计师协会主席亚当（G·Adam）指出：“室内设计涉及的工作要比单纯的装饰广泛得多，他们关心的范围已扩展到生活的每一方面，例如：住宅、办公、旅馆、餐厅的设计，提高劳动生产率，无障碍设计，编制防火规范和节能指标，提高医院、图书馆、学校和其他公共设施的使用效率。总之一句话，给予各种处在室内环境中的人以舒适和安全。”

建筑师巴诺玛列娃认为，室内设计是设计“具有视觉限定的人工环境，以满足生理和精神上的要求，保障生活、生产活动的需求”，室内设计也是“功能、空间形体、工程技术和艺术的相互依存和紧密结合”。

二、室内装饰、装修和设计

室内装饰或装潢、室内装修、室内设计，人们通常认为是相同的，但实际上它们的内在含义是有所区别的。

室内装饰或装潢：装饰和装潢原意是指“器物或商品外表”的“修饰”，着重从外表的、视觉艺术的角度来探讨和研究问题。例如：对室内地面、墙面、顶棚等各界面的处理，装饰材料的选用，色彩的配置，也可能包括对家具、灯具、陈设和小品的选用、配置和设计。

室内装修（Interior Finishing）：Finishing一词有最终完成的含义，例如运动场上赛跑的终点即用Finishing一词，室内装修着重于工程技术、施工工艺和构造做法等方面，顾名思义主要是指土建工程施工完成之后，对室内各个界面、门窗、隔断等最终的装修工程。

室内设计（Interior Design）：现代室内设计是综合的室内环境设计，它既包括视觉环境和工程技术方面的问题，也包括声、光、热等物理环境以及氛围、意境等心理环境和文化内涵等内容。室内设计更为全面，包括装饰、装潢与装修的内容。现代室内设计更为重视与环境、生态、人文等方面的关系，综合考虑内涵理念与可见部分、空间与界面、物理因素与心理因素等。

第二节 室内设计的特点和分类

一、室内设计的特点

室内设计与建筑设计之间的关系极为密切，相互渗透，通常建筑设计是室内设计的前提，正如城市规划和城市设计是建筑单体设计的前提一样。室内设计与建筑设计有许多共同点，即都要考虑物质功能和精神功能的要求，都需遵循建筑美学的原理，都受物质技术和经济条件的制约，等等。室内设计作为一门相对独立的新兴学科，还有以下几个特点：

1. 对人们身心的影响更为直接和密切

由于人的一生中绝大部分时间是在室内度过的（包括旅途的车、船、飞机内舱在内），因此室内环境的优劣，必然直接影响到人们的安全、健康、效率和舒适与否。室内空间的大小和形状、室内界面的线形图案等会给人们生理上、心理上造成较强的长时间、近距离的感受，由于可以接触和触摸到室内的家具、设备以及墙面、地面等界面，人们很自然地对室内设计要求更细致、更缜密，更多地从有利于人们身心健康和舒适的角度去考虑，从有利于丰富人们精神文化生活的角度去考虑。

2. 对室内环境的构成因素考虑更为周密

室内设计要对构成室内光环境和视觉环境的采光与照明、色调和色彩配置、材料质地和纹理，对室内热环境中的温度、相对湿度和气流，对室内声环境中的隔声、吸声和噪声背景等进行考虑，现代室内设计中这些构成因素的大部分都有定量的标准。例如：一般商场光环境照度推荐的照度值如表1-1所示，部分民用建筑的室内舒适空气环境和允许噪声值如表1-2、表1-3所示。

表1-1 商场室内照度值（单位：lx）

商场室内部位	推荐照度	商场室内部位	推荐照度
橱窗及重点陈列台	750～1500	商场门厅、广播室、美工室、试衣间	75～150
自选商场、超级市场营业厅	500～750	值班室、一般工作室	30～75
一般商场营业厅	300～500	一般商品库、楼梯间、走道、卫生间	20～50

表1-2　舒适性空调的室内设计参数

建筑类别	夏季		冬季	
	高级	一般	高级	一般
宾馆 办公楼 医院、学校	25～27℃ 50%～60% 0.2～0.4m/s	26～28℃ 55%～65% 0.2～0.4m/s	20～22℃ ≥35% 0.15～0.25m/s	18～20℃ 不规定 0.15～0.25m/s
百货商场 展览馆、影剧院 车站、机场等	26～28℃ 55%～65% 0.3～0.5m/s	27～29℃ 55%～65% 0.3～0.5m/s	18～20℃ ≥35% 0.2～0.3m/s	16～18℃ 不规定 0.2～0.3m/s
电视演播室 计算机房 广播、通信机房	24～26℃ 40%～50% 0.3～0.5m/s	26～27℃ 45%～55% 0.3～0.5m/s	18～20℃ ≥35% 0.2～0.3m/s	18～20℃ 不规定 0.2～0.3m/s

注：表中%为相对湿度；m/s为空气流动速度：米/秒。

表1-3　民用建筑允许噪声值

类别	A声级（单位：dBA）	类别	A声级（单位：dBA）
播音、录音室	30	住宅	42
音乐厅	34	旅馆客房	42
电影院	38	办公室	46
教室	38	体育馆	46
医院病房	38	大办公室	50
图书馆	42	餐厅	50

3．较为集中、细致、深刻地反映了设计美学中的空间形体美、功能技术美、装饰工艺美

如果说建筑设计主要以外部形体和内部空间给人们以建筑艺术的感受，室内设计则以室内空间、界面线形以及室内家具、灯具、设备等内含物的综合给人们以室内环境艺术的感受，因此，室内设计与装饰艺术和工业设计的关系也极为密切。

4．室内功能的变化、材料与设备的老化与更新更为突出

比之建筑设计，室内设计与时间因素的关联更为紧密，更新周期趋短，更新节奏趋快。在室内设计领域里，可能更需要引入“动态设计”“潜伏设计”等新的设计观念，即随着社会生活的发展和变化，认真考虑因时间因素引起的平面布局、界面构造与装饰，以及施工方法、选用材料等一系列相应的问题。

5．具有较高的科技含量和附加值

现代室内设计所创造的新型室内环境，往往在电脑控制、自动化、智能化等方面具有新的要求，从而使室内设施设备、电器通信、新型装饰材料和五金配件等都具有较高的科技含量，如智能大楼、能源自给住宅、生态建筑、电脑控制住宅等。由于科技含量的增加，也使现代室内设计及其产品整体的附加值增加。

二、室内设计的分类

室内设计和建筑设计类同，从大的类别可分为：居住建筑室内设计，公共建筑室内设计，工业建筑室内设计，农业建筑室内设计。

各类建筑中不同类型的建筑之间也存在一些使用功能相同的室内空间，例如：门厅、过厅、电梯厅、中庭、盥洗间、浴厕以及一般功能的门卫室、办公室、会议室、接待室等。在具体工程项目的设计任务中，这些室内空间的规模、标准和相应的使用要求会有很大差异，需要具体分析。

各种类型建筑室内设计的分类以及主要房间的设计如下：

由于室内空间使用功能的性质和特点不同，各类建筑主要房间的室内设计对文化艺术和工艺过程等方面的要求也各有所侧重。例如：纪念性建筑和宗教建筑等有特殊功能要求的主厅，对纪念性、艺术性、文化内涵等精神功能的设计方面的要求就比较突出；而工业、农业等生产性建筑的车间和用房，相应地对生产工艺流程以及室内物理环境（如温湿度、光照、设施、设备等）的创造方面的要求较为严密。

室内空间环境按建筑类型及其功能分类，其意义主要在于：使设计者在接受室内设计任务时，首先明确所设计的室内空间的使用性质，即设计的功能定位，这是由于室内设计造型风格的确定、色彩和照明的考虑以及装饰材质的选用，无不与所设计的室内空间的使用性质、设计对象的物质功能和精神功能紧密联系在一起。例如：住宅建筑的室内，即使经济上有可能，也不适合在造型、用色、用材方面使居住装饰宾馆化，因为住宅的居室和宾馆大堂的基本功能及环境氛围要求是截然不同的。

室内设计如果从空间形态和组合特征来分类，也可以分为：大空间、相同空间的排列组合、序列空间以及交通联系空间等。大空间通常包括会场、剧场的观众厅、体育馆等。由于体量较大，在顶盖结构、空调及消防设施以及大空间厅内人员的视、听和疏散安全等方面，设计时都有相应的特殊要求。相同空间的排列组合，主要指教室、病房等室内空间的排列组合。序列空间主要是指人们进入该建筑后将按循定的顺序通过各个使用空间，如博物馆、展览馆、火车站、航站楼等。交通联系空间是指门厅、过厅、走廊、电梯厅等。不同的空间形态和空间组合特征在室内设计时都需要注意其相应的特点和设计方法。

第三节 室内设计的发展

一、室内设计的发展趋势

随着社会的发展和时代的前进，现代室内设计具有如下发展趋势：

1．从总体上看，室内设计学科的相对独立性日益增强，同时，与多学科、边缘学科的联系和结合趋势也日益明显。现代室内设计除了仍以建筑设计作为学科发展的基础外，工艺美术、工业设计和景观设计的一些观念和工作方法也日益在室内设计中显现其作用。

2．室内设计的发展，适应于当今社会发展的特点，趋向于多层次、多风格，即室内设计由于使用对象的不同、建筑功能和投资标准的差异，明显地呈现出多层次、多风格的发展趋势。但需要着重指出的是，不同层次、不同风格的现代室内设计都在满足使用功能的同时，更为重视人们在室内空间中的精神因素的需求和环境的文化内涵，更为重视设计的原创力和创新精神。

3．专业设计进一步深化和规范化的同时，业主及大众参与的势头也将有所加强，这是由于室内空间环境的创造总是离不开生活、生产活动与其间使用者的切身需求，设计者倾听使用者的想法和要求，有利于使设计构思达成共识，贴近使用大众的需求、贴近生活，使用功能更具实效，更为完善。

4．设计、施工、材料、设施、设备之间的协调和配套关系加强，上述各部分自身的规范化进程进一步完善，例如住宅产业化中一次完成的全装修工艺，相应地要求模数化、工厂生产、现场安装以及流水作业等一系列的改革。

5．由于室内环境具有周期更新的特点，且其更新周期相应较短，因此在设计、施工技术与工艺方面优先考虑干式作业、块件安装、预留措施（如设施、设备的预留位置和设施、设备及装饰材料的置换与更新等）的要求日益突出。

6．从可持续发展的宏观要求出发，室内设计将更为重视节约资源（人力、能源、材料等）、节约室内空间，防止环境污染，考虑绿色装饰材料的运用，创造有利于身心健康的室内环境。现代社会从资源节约和历史文脉考虑，许多旧建筑，都有可能在保留结构体系和建筑基本面貌的情况下，对室内布局、设施设备、室内装修装饰等根据现代社会所需功能和氛围要求予以更新改造，而该项工作主要由室内设计师承担。

二、国内外室内设计的发展

现代室内设计作为一门新兴的学科，尽管还只是近数十年的事，但是人们有意识地对自己生活、生产活动的室内进行安排布置，甚至美化装饰，赋予室内环境以所祈盼的氛围，却早已从人类文明伊始时就存在了。

（一）国内室内设计的发展

半坡遗址中已发现有方形、圆形的居住空间，且已考虑按使用需要将室内空间做出分隔，使入口和火坑的位置布置合理。方形居住空间近门的火坑安排有进风的浅槽，圆形居住空间入口处两侧，也设置起引导气流作用的短墙。

早在原始氏族社会的居室里，已经有人工做成的平整光洁的石灰质地面，新石器时代的居室遗址里，还留有修饰精细、坚硬美观的红色烧土地面。原始人穴居的洞窟里，壁面上也已绘有兽形和围猎的图形。也就是说，在人类建筑活动的初始阶段，人们就已经开始对“使用和氛围”“物质和精神”两方面的功能同时给予关注。商朝的宫室，从出土遗址显示，建筑空间秩序井然，严谨规正，宫室里装饰着朱彩木料、雕饰白石，柱下置有云雷纹的铜盘。秦朝的阿房宫和西汉的未央宫，虽然宫室建筑已荡然无存，但从文献的记载，从出土的瓦当、器皿等实物的制作，以及从墓室石刻精美的窗棂、栏杆的装饰纹样来看，毋庸置疑，当时的室内装饰已经相当精细和华丽了。

《老子》中提出：“凿户牖以为室，当其无，有室之用。故有之以为利，无之以为用。”形象生动地论述了“有”与“无”、围护与空间的辩证关系，也揭示了室内空间的围合、组织和利用是建筑室内设计的核心问题。

室内设计与建筑装饰紧密地联系在一起，自古以来装饰纹样的运用，也说明了人们对生活环境、精神功能方面的需求。

在历代文献《考工记》《梓人传》《营造法式》以及计成的《园冶》中，均有涉及室内设计的内容。清代名人李渔对我国传统建筑室内设计的构思立意，对室内装修的要领和做法，有极为深刻的见解。在专著《一家言居室器玩部》的“居室篇”中，李渔论述的“盖居室之制，贵精不贵丽，贵新奇大雅，不贵纤巧烂漫”“窗棂以明透为先，栏杆以玲珑为主，然此皆属第二义。其首重者，止在一字之坚，坚而后论工拙”，对室内设计和装修的构思立意有独到和精辟的见解。

我国各类民居，如北京的四合院、四川的山地住宅、云南的“一颗印”、傣族的干栏式住宅以及上海的里弄建筑等，都体现了地域文化的建筑形体和室内空间组织的特点，在建筑装饰的设计与制作等许多方面，都有极为宝贵的可供我们借鉴的成果。

（三）国外室内设计的发展

在古埃及贵族宅邸的遗址中，抹灰墙上已绘有彩色竖直条纹，地上铺有草编织物，配有各类家具和生活用品。古埃及神庙，庙前雕塑及庙内石柱的装饰纹样均极为精美，神庙大柱厅内硕大的石柱群和极为压抑的厅内空间，非常符合古埃及神庙所需的森严神秘的室内氛围，是神庙的精神功能所需要的。

古希腊和罗马在建筑艺术和室内装饰方面已发展到很高的水平。古希腊雅典卫城帕特农神庙的柱廊，起到室内外空间过渡的作用，精心推敲的尺度、比例及石材性能的合理运用，形成了梁、柱、枋的构成体系和具有个性的各类柱式。古罗马庞贝城的遗址中，从贵族宅邸室内墙面的壁饰，铺地的大理石地面以及家具、灯饰等加工制作的精细程度来看，当时的室内装饰已相当成熟。罗马万神庙室内高旷的、具有公众聚会特征的拱形空间，是当今公共建筑内中庭设置最早的原型。

欧洲中世纪和文艺复兴以来，哥特式、古典式、巴洛克和洛可可等风格的各类建筑及其室内装饰均日臻完美，艺术风格更趋成熟。除了上述非洲、欧洲著名的经典建筑和室内装饰之外，其他各洲也有许多优秀的传统建筑，例如：日本姬路城的天守阁有着白色外观，屋宇重叠，具有动感；印度泰姬陵，形体端庄秀丽，是17世纪伊斯兰风格建筑的结晶。历代优美的装饰风格和手法，至今仍是我们创作时可供借鉴的源泉。

1919年在德国创建的包豪斯学派，摒弃因循守旧，倡导重视功能，推进现代工艺技术和新型材料的运用，在建筑和室内设计方面，提出与工业社会相适应的新观念。包豪斯学派的创始人格罗皮乌斯曾提出：“我们正处在一个生活大变动的时期。旧社会在机器的冲击之下破碎了，新社会正在形成之中。在我们的设计工作里，重要的是不断地发展，随着生活的变化而改变表现方式……”20世纪20年代，格罗皮乌斯设计的包豪斯校舍和密斯·凡德罗设计的巴塞罗那世博会德国馆都是上述新观念的典型实例。

第四节　室内设计内容、方法和步骤

一、室内设计的内容

现代室内设计，也称室内环境设计，所包含的内容和传统的室内装饰相比，涉及面更广，相关因素更多，内容也更为深入。

（一）室内环境的内容和感受

室内设计的目的是创建宜人的室内环境。室内环境的内容，涉及由界面围成的空间形状、空间尺度的室内空间环境，室内声、光、热环境，室内空气环境（空气质量、有害气体、粉尘含量、负离子含量、放射剂量等）等室内客观环境因素。由于人是室内环境设计服务的主体，从人们对室内环境身心感受的角度来分析，主要有室内视觉环境、听觉环境、触感环境、嗅觉环境等，即人们对环境的生理和心理的主观感受，其中又以视觉感受最为直接和强烈。客观环境因素和人们对环境的主观感受，是现代室内环境设计需要探讨和研究的主要问题。

室内环境设计需要考虑的方面，随着社会生活发展和科技的进步，还会有许多新的内容。对于从事室内设计的人员来说，虽然不可能对所有涉及的内容全部掌握，但是根据不同功能的室内设计也应尽可能熟悉相应的基本内容，了解与该室内设计项目关系密切、影响最大的环境因素，在设计时能主动地考虑诸项因素，并且能与有关工种专业人员相互协调、密切配合，有效地提高室内环境设计的内在质量。

例如：现代影视厅，从室内声环境的质量考虑，对声音清晰度的要求极高。室内声音的清晰与否，主要决定于混响时间的长短，而混响时间与室内空间的大小、界面的表面处理和用材关系最为密切。室内的混响时间越短，声音的清晰度越高，这就要求在室内设计时合理地降低平顶，包去平面中的隙角，使室内空间适当缩小，墙面、地面以及座椅面料均选用高吸声的纺织面料，采用穿孔的吸声平顶等措施，以增大界面的吸声效果。上海新建影城中不少影视厅都采用了上述手法，室内混响时间4000Hz高频仅在0.7s左右，影视演播时的音质效果较好。而音乐厅由于相应要求混响时间较长，因此厅内体积较大，装饰材料的吸声要求及布置方式也与影视厅不同。这说明对影视厅、音乐厅室内的艺术处理，必须要以室内声环境的要求为前提。

又如一些住宅的室内装修，在居室中过多地铺设陶瓷类地砖，也许是从美观和易于清洁的角度考虑而选用，但是从室内热环境来看，由于这类铺地材料的导热系数过大，会给较长时间停留于居室中的人带来不适。

上述的两个例子说明，室内舒适优美环境的创造需要富有激情，考虑文化的内涵，运用建筑美学原理，同时又需要以相关的客观环境因素（如声、光、热等）作为设计的基础。主观的视觉感受或环境气氛的营造需要与客观的环境因素紧密地结合在一起，客观环境因素是创造优美视觉环境的“潜台词”，因为通常这些因素需要从理性的角度去分析掌握，尽管它们并不那么显露，但对现代室内设计却是至关重要的。

表1-4至表1-7给出了室内物理环境的部分参照值。

表1-4　混响时间频率特性比值（R）

频率（Hz）	歌剧院	戏曲、话剧院	电影院	会场、礼堂、多用厅堂
125	1.00～1.30	1.00～1.10	1.10～1.20	1.00～1.20
250	1.00～1.15	1.00～1.10	1.00～1.10	1.00～1.10
2000	0.9～1.00	0.90～1.00	0.90～1.00	0.90～1.00
4000	0.80～0.90	0.80～0.90	0.80～1.00	0.80～1.00

表1-5　各类房间工作面平均照度

房间类型	平均照度（lx）
幼儿活动室	150
教　室	150
办公室	100～150
阅览室	150～200
营业厅	150～300
餐　厅	100～300
舞　厅	50～100
计算机房	200

表1-6　住宅建筑各类房间工作面照度

类　别		照度标准值（lx）		
		低	中	高
起居室、卧室	一般活动区	20	30	50
	书写、阅读	150	200	300
	床头阅读	75	100	150
	精细作业	200	300	500
餐厅、过厅、厨房		20	30	50
卫生间		10	15	20
楼梯间		5	10	15

注：工作面照度为离地75cm的水平面，楼梯间为地面照度。

表1–7　室内热环境的主要参照指标

项目	允许值	最佳值
室内温度（℃）	12～32	20～22（冬季） 22～25（夏季）
相对湿度（%）	15～80	30～45（冬季） 30～60（夏季）
气流速度（m/s）	0.05～0.2（冬季） 0.15～0.9（夏季）	0.1
室温与墙面温度（℃）	6～7	<2.5（冬季）
室温与地面温差（℃）	3～4	<1.5（冬季）
室温与顶棚温度（℃）	4.5～5.5	<20（冬季）

（二）室内设计的内容和相关因素

室内设计的内容包含的面很广，具体包括：（1）根据使用和造型要求、原有建筑结构的已有条件，对室内空间的组织、调整和再创造；（2）对室内平面功能的分析和布置；（3）对实体界面的地面、墙面、顶棚（吊顶、天花板）等各界面的线形和装饰设计；（4）根据室内环境的功能性质和需要，烘托适宜的环境氛围，协同相关专业，对采光、照明、音质、室温等进行设计；（5）按使用和造型要求确定室内主色调和色彩配置；（6）根据相应的装饰标准选用各界面的装饰材料；（7）在技术上确定不同界面、不同材质搭接的构造做法；（8）协调室内环境和水电等设施；（9）家具、灯具、陈设、标识、室内绿化等的选用和布置。

依据设计内容，我们可以将设计最为关键的项目归纳为以下三个方面，这些方面的内容相互之间又有一定的内在联系。

1. 室内空间组织和界面处理

室内设计的空间组织，包括平面布置，首先需要充分理解原有建筑设计的意图，对建筑物的总体布局、功能分析、人流动向以及结构体系等有深入的了解，在室内设计时对室内空间和平面布置予以完善、调整或再创造。由于现代社会生活节奏的加快，建筑功能发展或变换，也需要对室内空间进行改造或重新组织，这在当前对各类建筑的更新改建任务中是最为常见的。室内空间组织和平面布置，也必然包括对室内空间各界面围合方式的设计。

由于室内空间是三维的，为了更直观地感受三维空间的尺度、比例和空间之间的相互关系，除了效果图外，还可以用模型更为直观地来探讨室内空间的组织关系及表达室内空间的立体效果。

在室内空间的组织设计中，需要注意建筑空间和装修后的室内空间，经常会由于安装必要的设施或装修材料的铺设，而使实际可使用的空间尺度减小。

例如，在垂直方向由于室内顶部常有风管，有时还有消防喷淋总管等设施占用必要的空间，室内的平顶通常要比建筑结构所给的高度低；又如地坪经常由于找平层、装修面层或木地面的构造层等，使实际使用地坪标高抬高；在水平方向的公共建筑，如商场、地铁车站等室内空间，经常会由于建筑设计时对装修饰面层的占有尺寸缺乏了解，而使装修完成后，水平方向的实际空间尺度比建筑结构图中所标的尺寸要小。上述情况都应该在建筑和室内设计时事先予以综合考虑。

室内界面处理，是指对室内空间的各个围合面，如地面、墙面、隔断、平顶等各界面的使用功能和特点的分析，对界面的形状、图形线脚、肌理构成的设计，以及界面和结构构件的连接构造，界面和风、水、电等管线设施的协调配合等方面的设计。

附带需要指明的一点是，界面处理不一定要做“加法”。从建筑物的使用性质和功能特点方面考虑，一些建筑物的结构构件（如网架屋盖、混凝土柱身、清水砖等）也可以不加装饰，作为界面处理的手法之一，这正是单纯的装饰和室内设计在设计思路上的不同之处。

室内空间组织和界面处理是确定室内环境基本形体和线形的设计内容，设计时应以物质功能和精神功能为依据，考虑相关的客观环境因素和主观的身心感受。

2．室内光照、色彩设计和材质选用

“正是由于有了光，才使人眼能够分清不同的建筑形体和细部”，光照是人们对外界视觉感受的前提。室内光照是指室内环境的天然采光和人工照明。光照除了能满足正常的工作生活环境的采光、照明要求，光照和光影效果还能有效地起到烘托室内环境气氛的作用。

色彩是室内设计中最为生动、最为活跃的因素，室内色彩往往给人们留下室内环境的第一印象。色彩最具表现力，通过人们的视觉感受产生生理、心理和类似物理的效应，形成丰富的联想和深刻的寓意。

光和色不能分离，除了色光以外，色彩还必须依附于界面、家具、室内织物、绿化等物体。室内色彩设计需要根据建筑物的性格、室内使用性质、工作活动特点、停留时间长短等因素，确定室内主色调，选择适当的色彩配置，如淡雅、宁静以黑、白、灰“无色体系”为主的建筑室内；又如活泼、兴奋、高彩度色系的娱乐休闲建筑室内。

材料质地的选用，是室内设计中直接关系到实用效果和经济效益的重要环节，巧于用材是室内设计中的一大学问。饰面材料的选用，同时具有满足使用功能和人们身心感受这两方面的要求，如坚硬、平整的花岗石地面，光滑、精巧的镜面饰面，轻柔、细软的室内纺织品，以及自然、亲切的木质面材等等。室内设计毕竟不能停留于一幅彩稿，设计中的形、色最终必须和所选“载体”——材质这一物质构成统一。在光照下，室内的形、色、质融为一体，赋予人们以综合的视觉心理感受。

3．室内内含物——家具、陈设、灯具、标识、绿化等的设计和选用

家具、陈设、灯具、标识、绿化等室内设计的内容，相对地可以脱离界面布置于室内空间里（固定家具、嵌入灯具及壁画等与界面组合），在室内环境中，实用和观赏的作用都极为突出，通常它们都处于视觉中显著的位置，家具还直接与人体相接触，感受距离最为接近。家具、陈设、灯具、标识、绿化等对烘托室内环境气氛，形成室内设计风格等方面起到至关重要的作用。

对室内内含物设计、配置总的要求是与室内空间和界面整体协调，这些内含物之间也有一个相互协调的问题，这里所说的协调是指尺度、色彩、造型和风格氛围等方面。

室内绿化在现代室内设计中具有不可代替的特殊作用。室内绿化具有改善室内小气候和吸附粉尘的功能，更为主要的是，室内绿化使室内环境生机勃勃，带来自然气息，令人赏心悦目，柔化室内人工环境，在高节奏的现代社会生活中具有协调人们心理的作用。

上述室内设计内容所列的三个方面，其实是一个有机联系的整体。光、色、形体让人们能综合地感受室内环境，光照下界面和家具等是色彩和造型的依托载体，灯具、陈设又必须和空间尺度、界面风格相协调。

现代室内设计的相关因素涉及方方面面，包括许多学科和许多领域，人们常称建筑学是工科中的文科。现代室内设计常被认为是处在建筑艺术和工程技术、社会科学和自然科学的交会点。现代室内设计与一些学科和工程技术因素的关系极为密切，例如学科中的建筑美学、材料学、人体工程学、环境物理学、环境心理和行为学等等；技术因素，如结构构成、室内设施和设备、施工工艺和工程经济、质量检测以及计算机技术在室内设计中的应用（CAD）等等。

现代室内设计是建筑设计的继续、发展和深化，因此与建筑学相关的技术、艺术因素，环境、人文地理等，也都是室内设计师需要认真学习和深刻理解的。涉及较高要求的专项技术的内容，如建筑声学、室内照明、室内环控、室内智能化等，设计者除了应该具备这些相关技术的基础知识，还应该与相关学科的专业人员协同解决相应的专业技术问题。

二、室内设计的方法和步骤

（一）室内设计的方法

室内设计的方法，这里着重从设计者的思考方法来分析，主要有以下几点：

1．明确功能定位、时空定位、标准定位

进行室内环境设计时，首先需要明确是什么样性质的使用功能，是居住的还是办公的，是游乐的还是商业的，等等。因为不同性质使用功能的室内环境，需要满足不同的使用特点，营造出不同的环境氛围。例如恬静温馨的居住室内环境，井井有条的办公室内环境，新颖独特的游乐室内环境以及舒适悦目的商业购物室内环境等。当然还有与功能相适应的空间组织和平面布局，这就是功能定位。

时空定位也就是说所设计的室内环境应该具有时代气息和时尚要求，要考虑所设计的室内环境的位置：国内还是国外，南方还是北方，城市还是乡镇等，以及设计空间的周围环境，左邻右舍，地域空间环境及地域文化，等等。

标准定位是指室内设计、建筑装修的总投入和单方造价标准（指核算成每平方米的造价标准），这涉及室内环境的规模，各装饰界面选用的材质品种，采用的设施、设备、家具、灯具、陈设品的档次等。

2．大处着眼，细处着手，从里到外，从外到里

大处着眼，细处着手，总体与细部深入推敲。大处着眼，即室内设计应考虑的几个基本观点。这样，在设计时思考问题和着手设计的起点就高，有一个设计的全局观。细处着手，是指具体进行设计时，必须根据室内的使用性质，深入调查，收集信息，掌握必要的资料和数据，从最基本的人体尺度、人流动线、活动范围和特点、家具与设备的尺寸及使用它们必需的空间等着手。

从里到外，从外到里，是局部与整体协调统一。建筑师依可尼可夫曾说："任何建筑创作，应是内部构成因素和外部联系之间相互作用的结果，也就是'从里到外'，'从外到里'。"

室内环境的"里"，以及和这一室内环境连接的其他室内环境，以至建筑室外环境的"外"，它们之间有着相互依存的密切关系，设计时需要从里到外，从外到里，多次反复协调使其完善合理。室内环境需要与建筑整体的性质、标准、风格及室外环境协调统一。

3．意在笔先，贵在立意创新

意在笔先，原指创作绘画时必须先有立意，即深思熟虑，有了想法后再动笔，也就是说设计的构思、立意至关重要。可以说，一项设计，没有立意，没有

立意创新，就等于没有灵魂。设计的难度也往往在于要有一个好的构思。具体设计时意在笔先固然好，但是，一个较为成熟的构思，往往需要有足够的信息量，有商讨和思考的时间，因此，也可以边动笔边构思，即笔意同步，在设计前期和出方案过程中使立意、构思逐步明确。但关键仍然是要有一个好的构思，也就是说在构思和立意中要有创新意识。设计是创造性劳动，之所以比较难，就在于需要有原创力和创新精神。

对于室内设计来说，正确、完整、有表现力地表达出室内环境设计的构思和意图，使建设者和评审人员能够通过图纸、模型、说明等，全面地了解设计意图，也是非常重要的。在设计投标竞争中，图纸质量的完整、精确、优美是第一关，因为在设计中，形象是很重要的一个方面，而图纸表达则是设计者的语言，一个优秀的室内设计，内涵和表达也应该是统一的。

（二）室内设计的步骤

室内设计根据设计的进程，通常可以分为四个阶段，即设计准备阶段、方案设计阶段、施工图设计阶段和设计实施阶段。

1. 设计准备阶段

设计准备阶段主要是接受委托任务书，签订合同，或者根据标书要求参加投标；明确设计期限并制订设计计划，考虑各有关工种的配合与协调；明确设计任务和要求，如室内设计任务的使用性质、功能特点、设计规模、等级标准及总造价，根据任务的使用性质所需创造的室内环境氛围、文化内涵或艺术风格等；熟悉设计有关的规范和定额标准，收集分析必要的资料和信息，包括对现场的调查踏勘以及对同类型实例的参观等。

在签订合同或制定标书文件时，还包括设计进度安排和设计费率标准，即室内设计收取业主设计费占室内装饰总投入资金的百分比（一般由设计单位根据任务的性质、要求、设计复杂程度和工作量，提出收取设计费率数，通常为总投入的4%～8%，最终与业主商议确定）。也有按工程量来收取设计费的，即按每平方米收多少设计费，再乘以工程的总平方米。

2. 方案设计阶段

方案设计阶段是在设计准备阶段的基础上，进一步收集、分析、运用与设计任务有关的资料与信息，构思立意，进行初步方案设计及方案的分析与比较。

首先确定初步设计方案，提供设计文件。室内初步方案的文件通常包括：

（1）平面图（包括家具布置），常用比例1∶50，1∶100；

（2）室内立面展开图，常用比例1∶20，1∶50；

（3）平顶图或仰视图（包括灯具、风口等布置），常用比例1∶50，1∶100；

（4）室内透视图（彩色效果）；

（5）室内装饰材料实样版面（墙纸、地毯、窗帘、室内纺织面料、墙地面砖及石材、木材等均用实样，家具、灯具、设备等用实物照片）；

（6）设计意图说明和造价概算。

初步设计方案需经审定后，方可进行施工图设计。

3．施工图设计阶段

施工图设计阶段需要补充施工所必要的有关平面布置、室内立面和平顶等图纸，还需包括构造节点详图、细部大样图以及设备管线图以及编制施工说明和造价预算。

4．设计实施阶段

设计实施阶段即工程的施工阶段。室内工程在施工前，设计人员应向施工单位进行设计意图说明及图纸的技术交底。工程施工期间需按图纸要求核对施工实况，有时还需根据现场实况提出对图纸的局部修改或补充（由设计单位出具修改通知书）。施工结束时，会同质检部门和建设单位进行工程验收。

为了使设计取得预期效果，室内设计人员必须抓好设计各阶段的环节，充分重视设计、施工、材料、设备等各个方面，并做好与原建筑物的建筑设计、设施（风、水、电等设备工程）的衔接，同时还须协调好与建设单位和施工单位之间的相互关系，在设计意图和构思方面取得沟通与共识，以取得理想的工程成果。

第五节 室内设计的基本观点和依据

一、室内设计的基本观点

（一）以“环境为源”的设计理念为基础

自然环境在人类社会形成之前就已经存在，因此人类的一切活动，包括建设城市、建造房屋和构筑室内人工活动空间，都不应该对自然环境造成负面效应。“环境为源”被认为是室内设计从构思到实施全过程的前提和基础。

鉴于人们营建包括室内人工环境的历史经历，已经有意或无意地对自然环境形成了多种不利的影响，并且最终将直接关系到人们的生活质量乃至生存权利，我们必须把“环境为源”放在室内设计基本观点的首位。

环境为源的含义可以从三个不同层次来阐明：

1. 室内设计从整体上应该充分重视环境保护、生态平衡与资源循环等的宏观要求，确立人与自然环境和谐的“天人合一”的设计理念。

联系到具体设计任务时，应该考虑怎样节省或充分利用室内空间，怎样在施工和使用时节省能源、节约用水，怎样节省装饰用材，节约不可再生的天然材料，在施工和使用室内空间时如何保护环境、防止污染和噪声扰民，等等。

对于当代室内设计人员，是否具有环境保护、生态平衡和资源循环等可持续发展的观念，并把这一观念落实到设计、施工、选材等具体工程中去，是衡量其是否符合现代社会基本设计素质的标尺之一。

2. 室内设计是环境系列有机组成部分的链中一环。把室内设计看成自然环境—城乡环境—社区街坊环境—建筑及室外环境—室内环境这一环境系列中的有机组成，它们相互之间有许多相互制约或提示的因素。

现代室内设计的立意、构思，室内风格和环境氛围的营造，需要着眼于对环境整体、文化特征以及建筑物的功能特点等多方面的考虑。

室内设计的“里”和室外环境的“外”（包括自然环境、文化特征、所在位置等），可以说是一对相辅相成、辩证统一的矛盾，正是为了更深入地做好室内设计，才愈加需要对环境整体有足够的了解和分析，着手于“室内”，但着眼于“室外”。当前室内设计的弊病之一——相互类同，很少有创新和个性，对环境整体缺乏必要的了解和研究，从而使设计的依据流于一般，设计构思局限封闭，忽视环境与室内设计关系的分析是重要的原因之一。

例如自然环境中的气候条件、自然景色、当地材料等因素都对室内设计有影响；又如地域文化、历史文脉、民俗民风等也与室内设计有某种关联；再如街区景观和建筑造型风格、功能性格也都对室内设计有一定的提示。

3. 室内设计所创建的室内人工环境，综合地包括了室内空间环境、视觉环境、声光热等物理环境、心理环境以及空气质量环境等许多方面，它们之间又是有机地联系在一起的。

人们（包括使用者和设计师）通常对室内设计创建的室内环境，容易有只注意和关心可见的视觉环境的倾向，而忽视或并不理解形成视觉环境的内在空间、物理、心理等依据因素。例如会场、剧院观众厅或音乐厅的室内设计，室内的空间形态和各个界面装饰材料质地的选用，各种装饰材料设置的部位和面积的大小，都是需要根据室内声学要求、室内混响时间的长短通过计算量化确定的。

一个闷热、噪声背景很高的室内，即使看上去很漂亮，人待在里面也很难有愉悦的感受。一些涉外宾馆中投诉意见比较集中的，往往是晚间电梯、锅炉房的低频噪声和盥洗室中洁具管道的噪声，影响人们休息。一些宾馆的大堂，单纯从视觉感受出发，从地面到墙面，从楼梯、走廊的栏板到服务台的台面、柜面过量地选用光亮硬质的装饰材料，使大堂内的混响时间过长，说话时清晰度很差，造价也很高。

（二）以满足“以人为本”的需要为设计核心

为人服务，这正是室内设计社会功能的基石。室内设计的目的是通过创造室内空间环境为人服务，设计者始终需要把人对室内环境的需求，包括物质使用和精神需求两方面，放在设计思考的核心。由于设计的过程中矛盾错综复杂，问题千头万绪，设计者需要清醒地认识到“以人为本”，为人服务，以确保人们的安全和身心健康，以满足人和人际活动的需要作为设计的核心。

现代室内设计需要满足人们的生理、心理等需求，需要综合地处理人与环境、人际交往等多项关系，需要在为人服务的前提下，综合解决使用功能、经济效益、舒适美观、环境氛围等种种要求。设计及实施的过程中还会涉及材料、设备、定额法规以及与施工管理的协调等诸多问题。所以现代室内设计是一项综合性极强的系统工程，它的出发点和归宿是在环境为源的前提下，为人和人际活动服务。

从为人服务这一核心出发，需要设计者细致入微、设身处地地为人们创造美好的室内环境。因此，现代室内设计特别重视人体工程学、环境心理学、审美心理学等方面的研究，也需要了解行为学、社会学方面的相关知识，科学地、深入地了解人们的生理特点、行为心理和视觉感受等方面对室内环境的设计要求。

针对不同的人、不同的使用对象，相应地有不同的要求，例如：幼儿园室内的窗台，考虑到适应幼儿的身高，窗台高度常由通常的90cm～100cm降至45cm～55cm，楼梯踏步的高度也在12cm左右，并设置适合儿童和成人不同身高使用的两档扶手；一些公共建筑考虑到残疾人的通行和活动，在室内外垂直交通、厕所盥洗等处应作无障碍设计；近年来，地下空间的疏散设计，如上海的地铁站，考虑到老年人和活动反应较迟缓人群的安全疏散问题，在紧急疏散时间的计算公式中，引入了为这些人安全疏散多留1分钟的疏散时间余地。上面的三个例子，着重从儿童、老年人、残疾人等的行为生理的特点来考虑。

在室内空间的组织、色彩和照明的选用方面，以及对室内环境氛围的烘托等方面，更需要研究人们的行为心理、视觉感受方面的需求。例如：会议厅规整的室内空间具有庄严感，而娱乐场所绚丽的色彩和缤纷闪烁的照明给人以兴奋、愉悦的心理感受。我们应该充分运用可行的物质技术手段和相应的经济条件，创造出满足人和人际活动所需的室内人工环境。

（三）科学性与艺术性的结合

室内设计正如建筑设计一样，具有科学与艺术的双重性格。

现代室内设计的又一个基本观点，是在创造室内环境中高度重视科学性和艺术性，以及两者的相互结合。从建筑和室内设计发展的历史来看，具有创新精神的新的风格的兴起，总是和社会生产力的发展相适应。社会生活和科学技术的进步，人们价值观和审美观的改变，促使室内设计必须充分重视并积极运用当代科学技术的成果，包括新型的材料、结构构成和施工工艺，以及能够创造良好声、光、热环境的设施设备。现代室内设计的科学性，除了在设计观念上需要进一步确立以外，在设计方法和表现手段等方面，也日益予以重视，设计者已开始认真地以科学的方法，分析和确定室内物理环境和心理环境的优劣，并已运用电子计算机技术辅助设计和绘图。如华盛顿艺术馆东馆室内透视的比较方案，就是用电子计算机绘制的，这些精确绘制的非直角的形体和空间关系，极为细致真实地表达了室内空间的视觉形象。

在具体工程设计时，会遇到不同类型和功能特点的室内环境（生产性或生活性、行政办公或文化娱乐、居住性或纪念性等等），对待上述两个方面的具体处理，可能会有不同侧重，但从宏观整体的设计观念出发，仍然需要将两者结合起来。科学性与艺术性两者绝不是割裂或者对立的，而是密切结合的。意大利设计师P.L.奈尔维设计的罗马小体育宫和都灵展览馆，尼迈亚设计的巴西利亚菲特拉教堂，屋盖的造型既符合钢筋混凝土和钢丝网水泥的结构受力要求，结构的构成和构件本身又极具艺术表现力；荷兰鹿特丹办理工程审批的市政办公楼，室内拱形顶的走廊结合顶部采光，不作装饰的梁柱处理，在办公建筑中很好地体现了科学性与艺术性的结合。

需要提请设计人员认真对待的是室内设计中的科学性，也就是科技含量，往往是直接与使用功能、室内的实际使用紧密结合的，例如人体尺度与动作域，室内的声、光、热要求等等，在具有实际使用意义的室内空间环境的创建中，艺术性与美观不是单项孤立的，艺术性必须在满足使用功能的前提下才具有欣赏价值，从这一意义上也可以认为现代室内设计是在科技平台上的艺术创作。

（四）时代感与历史文脉并重

从宏观整体看，正如前述，建筑物和室内环境，总是从一个侧面反映当代社会物质生活和精神生活的特征，铭刻着时代的印记，但是现代室内设计更需要强调自觉地在设计中体现时代精神，主动考虑满足当代社会生活活动和行为模式的需要，分析具有时代精神的价值观和审美观，积极采用当代物质技术手段。

同时，人类社会的发展，不论是物质技术的，还是精神文化的，都具有历史延续性。追赶时代和尊重历史，就其社会发展的本质来讲是有机统一的。在室内设计中，生活居住、旅游休息和文化娱乐等类型的室内环境里，都有可能因地制宜地采用具有民族特点、地方风格、乡土风味等蕴含历史文化的设计手法。应该指出，这里所说的历史文脉，并不能简单地只从形式、符号来理解，而是广义地涉及了规划思想、平面布局和空间组织特征，甚至在设计中还注入了哲学思想和观点。日本著名建筑师丹下健三为东京奥运会设计的代代木国立综合体育馆，尽管是一座采用悬索结构的现代体育馆，但从建筑形体和室内空间的整体效果来看，确实可说它既具时代精神，又有日本建筑风格的某些内在特征。

（五）动态与可持续的发展观

我国清代文人李渔，在关于室内装修的专著中曾写道，“与时变化，就地权宜”“幽斋陈设，妙在日异月新”，即所谓“贵活变”，也就是动态发展和与时间变化。他还建议不同房间的门窗，应设计成不同的体裁和花式，但是具有相同的尺寸和规格，以便根据使用要求和室内意境的需要，使各室的门窗可以更替和互换。李渔“活变”的论点，虽然只是从室内装 修的构件和陈设等方面去考虑，但是已经涉及因时、因地的变化，把室内设计以动态的发展过程来对待。

现代室内设计的一个显著的特点，是它对由于时间的推移，从而引起室内功能相应的变化和改变，显得特别敏感。当今社会生活节奏日益加快，建筑室内的功能复杂而又多变，室内装饰材料、设施设备甚至门窗等配件的更新换代也日新月异。总之，室内设计和建筑装修的“无形折旧”更趋突出，更新周期日益缩短，并且人们对室内环境艺术风格和气氛的欣赏及追求，也随着时间的推移而发生改变。

据悉，现今瑞士的房屋建设工程有约90%是对原有建筑在保留建筑风貌和基本结构构成的情况下，根据新的功能要求对室内环境进行改造和装修；又如日本东京男子西服店近年来店面及铺面的更新周期仅为一年半；我国上海市不少餐馆、理发厅、照相馆和服装商店的更新周期也只有2～3年，旅馆、宾馆大堂的更新周期为7～10年，客房则为5～7年。随着市场经济、竞争机制的引进，购物行为和经营方式的变化，新型装饰材料、高效照明和空调设备的推出，以及防火规范、建筑标准的修改等因素，都将促使现代室内设计在空间组织、平面布局、装修构造和设施安装等方面留有更新改造的余地，把室内设计的依据因素、使用功能、审美要求等等，都不看成是一成不变的，而是以动态发展的过程来认识和对待。室内设计动态发展的观点同样也涉及其他各类公共建筑和量大面广的居住建筑的室内环境，“可持续发展”（Sustainable Development）一词最早是在20世纪80年代中期欧洲的一些发达国家提出来的。1989年5月，联合国环境发展会议通过了《关于可持续发展的声明》，提出“可持续发展系指满足当前需要而不削弱子孙后代满足其需要之能力的发展”。1993年，联合国教科文组织和国际建筑师协会共同召开了“为可持续的未来进行设计”的世界大会，其主题为各类人为活动应重视有利于今后在生态、环境、能源、土地利用等方面的可持续发展，联系到现代室内环境的设计和创造，设计者不能急功近利、只顾眼前，应当确立节能、充分节约与利用室内空间，力求运用无污染的绿色装饰材料以及创造人与环境、人工环境与自然环境相协调的观点。动态和可持续的发展观要求室内设计者既要考虑发展有更新可变的一面，又要考虑到发展在能源、环境、土地、生态等方面的可持续性。

上述的五个基本观点中环境为源可以说是前提和基础；“以人为本”是创建室内环境的目的；科学性和艺术性则是揭示室内设计学科的双重性，又提示注意科技是艺术创作的平台；时代精神和历史文脉可以认为是辩证地对待在时间这根“纵轴”上的发展印记；动态发展是对所设计的内容，确立随着功能、设施、观念等种种因素的变化而随之改变的设计对策。

二、室内设计的依据

室内设计既然作为环境设计系列中的“一环”，其事先必须对所在建筑物的周边环境、功能特点、设计意图、结构构成、设施设备等情况充分掌握，进而对建筑物所在地区的室外自然和人工条件、人文景观、地域文化等也有所了解。例如，同样是设计旅馆，建在北京、上海的市区内和建在广西桂林、海南三亚的江河海岸边建筑外观和室内环境的造型风格理应有所不同。同样是大城市内，北京和上海又会由于气候条件、周边环境、人文景观的不同，建筑外观和室内设计也会有所差别，这也许就是“从里到外”“从外到里”，具体地说，室内设计主要有以下各项依据：

（一）人体尺度以及人们在室内停留、活动、交往、通行时的空间范围

首先是人体的尺度和动作域所需的尺寸和空间范围，人们交往时符合心理要求的人际距离，以及人们在室内通行时各处有形无形的通道宽度。

人体的尺度，即人体在室内完成各种动作时的活动范围，是我们确定室内诸如门扇的高宽度、踏步的高宽度、窗台阳台的高度、家具的尺寸及其相间距离，以及楼梯平台、室内净高等的最小高度的基本依据。涉及人们在不同性质的室内空间，从人的心理感受考虑，还要顾及满足其心理感受需求的最佳空间范围。

（二）家具、灯具、设备、陈设等的尺寸以及使用、安置它们时所需的空间范围

室内空间里，除了人的活动外，主要占有空间的内含物即家具、灯具、设备（指设置于室内的空调器、热水器、散热器、排风机等）、陈设之类。在有的室内环境里，如宾馆的门厅、高雅的餐厅等等，室内绿化等所占空间尺寸，也应成为组织、分隔室内空间的依据条件。

对于灯具、空调设备、卫生洁具等，除了有本身的尺寸以及使用、安置时必需的空间范围之外，值得注意的是，此类设备、设施，由于在建筑物的土建设计与施工时，对管网布线等都已有整体布置，室内设计时应尽可能在它们的接口处予以连接、协调。当然，对于出风口、灯具位置等从室内使用的合理和造型要求考虑，适当在接口上做些调整也是允许的。

（三）室内空间的结构构成、构件尺寸，设施管线等的尺寸和制约条件

室内空间的结构体系、柱网的开间间距、楼面的板厚梁高、风管的断面尺寸以及水电管线的走向和铺设要求等，都是组织室内空间时必须考虑的。有些设施内容，如风管的断面尺寸、水管的走向等，在与有关工种的协商下可作调整，但仍然是必要的依据条件和制约因素。例如：集中空调的风管通常在梁板底下设置，计算机房的各种电缆管线常铺设在架空的地板内，室内空间的竖向尺寸就必须考虑这些因素。

（四）符合设计环境要求、可供选用的装饰材料和可行的施工工艺

由设计设想变成现实，必须动用可供选用的地面、墙面、顶棚等各个界面的装饰材料，装饰材料的选用，必须提供实物样品，因为同一名称的石材、木材也有纹样、质量的差别。采用现实可行的施工工艺，这些依据条件必须在设计开始时就考虑到，以保证设计图的实施。

（五）已确定的投资限额和建设标准以及设计任务要求的工程施工期限

具体而又明确的经济和时间概念，是一切现代设计工程的重要前提。室内设计与建筑设计的不同之处在于，同样一个旅馆的大堂，不同方案的土建单方造价比较接近，而不同建设标准的室内装修，可以相差几倍甚至十几倍。例如：一般经济型旅馆大堂的室内装修费用单方造价1000元左右足够，而五星级宾馆大堂的室内装修费用单方造价可以高达8000～10 000元。可见对室内设计来说，投资限额与建设标准是室内设计必要的依据因素。同时，不同的工程施工期限，将影响室内设计中不同的装饰材料的安装工艺以及界面设计的处理手法。

室内设计的步骤中已经明确在工程设计时，室内使用功能、相应所需要烘托的文化氛围，以及有关的规范（如防火、卫生防疫、环保等）和定额标准都是室内设计的依据。此外，原有建筑物的建筑总体布局和建筑设计总体构思也是室内设计时重要的依据因素。

第二章　室内设计的空间组织、界面与色彩

第一节　室内设计的空间组织

人类劳动的显著特点，就是不但能适应环境，而且能改造环境，创建适应人们生活居住的人工环境。从原始人的穴居，发展到具有完善设施的室内空间，是人类经过漫长的岁月，对自然环境进行长期改造的结果。最早的室内空间是3000年前的洞窟，从洞窟内反映当时游牧生活的壁画来看，人类早期就开始注意装饰自己的居住环境了。室内环境是反映人类物质生活和精神生活的一面镜子，是生活创造的舞台。人的本质趋向于有选择地对待现实，并按照他们自己的生活活动所需和思想、愿望来加以改造和调整，现实环境总是不能满足他们的要求。不同时代的生活方式和行为模式，对室内空间提出了不同的要求。正是由于人类不断改造和现实生活紧密相连的室内环境，使得室内空间的发展变得永无止境，并在空间的量和质上充分地体现出来。

自然环境既有对人类生存生活必需和有益的一面，如阳光、空气、水、绿化等；也有不利于人类生存生活的一面，如暴风雪、地震、海啸、泥石流等。因此，室内空间最初的主要功能是对自然界有害性侵袭的防范，特别是对经常性的日晒和风雨的防范，仅作为赖以生存的掩体，由此而产生了室内外空间的区别。但在创造室内环境时，人类也十分注重与大自然的结合。人类社会发展到今日，人们越来越认识到发展科学、改造自然，并不意味着可以对自然资源进行无限制的掠夺和索取，建设城市、创造现代化的居住环境，并不意味着可以不依赖自然，甚至任意破坏自然生态结构，侵吞甚至消灭其他生物和植被，使人和自然对立、隔绝。与此相反，人类在自身发展的同时，必须尊重和保护赖以生存的自然环境。因此，确立“天人合一”的理念，维持生态平衡，返璞归真，回归自然，创造可持续发展的建筑和室内外环境，已成为人们的共识。对室内设计来说，这种内与外、人工与自然、外部空间和内部空间的紧密相连的、合乎逻辑的内涵，是室内设计的基本出发点，也是室内外空间交融、渗透、更替现象产生的基础，并表现在空间上既分隔又联系的多类型、多层次的设计手法上，以满足不同条件下对空间环境的不同需要。

一、室内空间组织

室内空间组织首先应该根据物质功能和精神功能的要求进行创造性的构思，一个好的方案总是根据当时当地的环境，结合建筑功能要求进行整体筹划，分析矛盾主次，抓住问题关键，内外兼顾，从单个空间的设计到群体空间的序列组织，由外到里，由里到外，反复推敲，使室内空间组织达到科学性、经济性、艺术性、理性与感性的完美结合，做出有特色、有个性的空间组织。组织空间离不开结构方案的选择和具体布置，结构布局的简洁性和合理性与空间组织的多样性和艺术性，应该很好地结合起来。经验证明，在考虑空间组织的同时应该考虑室内家具等的布置要求以及结构布置对空间产生的影响，否则会带来不可弥补的先天性缺陷。

随着社会的发展、人口的增长，可利用的空间相对减少，空间的价值将随着时间的推移而日趋提高，因此如何充分、合理地利用和组织空间，就成为一个较为突出的问题。合理地利用空间，不仅反映在对内部空间的巧妙组织，而且使空间围合的大小、形状的变化，整体和局部之间的有机联系等在功能和美学上达到协调、统一。

丹麦建筑师雅各布森的住宅，巧妙地利用不等坡斜屋面，恰如其分地组织了需要不同层高和大小的房间，使之各得其所。其中起居室空间虽大，但因高度不同的变化而显得很有节制，空间也更生动。书房、学习室适合于较小的空间而更具有亲切、宁静的气氛。整个空间布局从大、高、开敞至小、亲切、封闭，十分紧凑而活泼，并尽可能地直接和间接接纳自然光线，以便使冬季的黑暗减至最小。日本设计师丹下健三设计的日南文化中心，大小空间布置得体，观众厅部分因视线要求地坪升起与顶部结构斜度呼应，舞台上部空间升高也与结构协调，各部分空间得到充分利用，是公共建筑采用斜屋面的成功例子。英国法兰巴恩聋哑学校采用八角形的标准教室，这种多边形平面形式有助于分散干扰回声和扩散声，从而为聋哑学校教室提供最静的声背景，空间组合封闭和开敞相结合，别具一格。每个教室内有8个马蹄形布置的课桌，与室内空间形式十分协调，该教室地面和顶棚还设有感应圈，以增强每个学生助听器的放大声。

在空间的功能设计中，还有一个值得重视的问题，就是对储藏空间的处理。储藏空间在每类建筑中是必不可少的，在居住建筑中显得尤其重要。如果不妥善处理，常会引起侵占其他空间或造成室内空间的杂乱的现象。包括储藏空间在内的家具布置和室内空间的统一，是现代住宅设计的主要特点，一般常采用下列几种方式：

1．嵌入式（或称壁龛式）

它的特点是贮存空间与结构结成整体，充分保持室内空间面积的完整，常利用突出于室内的框架柱，嵌入墙内的空间，以及利用窗子上下部空间来布置橱柜。

2．壁式橱柜

它占有一面或多面完整墙面，做成固定式或活动式组合柜，有时作为房间的整片分隔墙柜，使室内保持完整统一。

3．悬挂式

这种“占天不占地”的方式可以单独存在，也可以和其他家具组合成富有虚实、凹凸、线面纵横等生动的储藏空间，在居住建筑中被十分广泛地应用。这种方式应高度适当，构造牢固，避免地震时落物伤人的危险。

4．收藏式

结合壁柜设计活动床桌，可以随时翻下使用，使空间用途灵活，在小面积住宅和有临时增加家具需要的用户中，运用得非常广泛。

5．桌橱结合式

充分利用桌面剩余空间，桌子与橱柜相结合。

此外，还有其他多功能的家具设计，如沙发床及利用家具单元做各种用途的拼装组合家具。当在考虑空间功能和组织的时候，另一个值得注意的问题是，除上述所说的有形空间外，还存在着“无形空间”（或称心理空间）。

某人在阅览室里，当周围到处都是空座位而不去坐，却偏要紧靠一个人坐下，那么后者不是局促不安地移动身体，就是悄悄走开，这种感觉很难用语言表达。实验证明，在图书馆里，那些想独占一处的人，就会坐在长方桌一头的椅子上；那些竭力不让他人和自己并坐的人，就会占据桌子两侧中间的座位；在公园里，先来的人坐在长凳的一端，后来者就会坐在另一端，此后行人对是否要坐在中间位置上往往犹豫，这种无形的空间范围圈，就是心理空间。

室内空间的大小、尺度、家具布置和座位排列，以及空间的分隔等，都应从物质需要和心理需要两方面结合起来考虑。设计师是物质和精神环境的创造者，不但要关心人的物质需要，更要了解人的心理需求，并通过良好的优美环境来影响和提高人的心理素质，把物质空间和心理空间统一起来。

二、室内空间的形式与构成

室内空间是通过一定形式的界面围合而表现出来的。建筑就其形式而言，就是一种空间构成，但并非有了建筑内容就能自然产生出形式来。功能决不会自动产生形式，形式是靠人类的形象思维产生的，形象思维在人的头脑中有广阔的天地。因此，同样的内容也并非只有一种形式能表达，研究空间形式与构成，就是为了更好地体现室内的物质功能与精神功能，形式和功能，两者是相辅相成、互为因果、辩证统一的。研究空间形式离不开对平面图形的分析。

空间的尺度与比例，是空间构成形式的重要因素。在三维空间中，等量的比例，如正方体、圆球，没有方向感，但有严谨、完整的感觉。不等量的比例，如长方体、椭圆体，具有方向感，比较活泼，富有变化的效果。在尺度上应协调好绝对尺度和相对尺度的关系。任何形体都是由不同的线、面、体所组成。因此，室内空间形式主要决定于界面形状及其构成方式。有些空间直接利用上述基本的几何形体，更多的情况是对其进行一定的组合和变化，使得空间构成形式丰富多彩。

建筑空间的形成与结构、材料有着不可分割的联系，空间的形状、尺度、比例以及室内装饰效果，很大程度上取决于结构构成形式及其所使用的材料质地，把建筑造型与结构构成造型统一起来这一观点愈来愈被广大建筑师所使用。艺术和技术相结合产生的室内空间形象，正是反映了建筑空间艺术的本质，是其他艺术所无法代替的。例如：奈尔维设计的罗马小体育宫，由预制菱形受力构件所组成的圆顶，形如美丽的葵花，具有十分动人的韵律感和完满感，充分显示工程师的高度智慧，是技术和艺术的结晶；又如某教堂，以三个双曲抛物面，覆盖着三部分不同观众的席位，中间为圣台，暴露结构的天窗很适合教堂光线的要求，功能与结构十分协调；再如沙特阿拉伯国际航站，利用桅杆支撑的双曲薄膜屋盖，能够在任何方向的风荷载下，保证纤维拉力的大跨度帐篷结构，将内部空间造成特有的柔和曲线，简洁明快，富有时代特点；我国传统的木构架，在创造室内空间的艺术效果时，也有辉煌的成就，并为中外所共知。

综上可知，建筑空间形态和装饰的创新和变化，首先要在结构构成造型的创新和变化中去寻找美的规律，建筑围合空间的形状、大小的变化，应和相应的结构系统取得协调一致。要充分利用结构造型美来作为空间形象构思的基础，把艺术融于技术之中。这就要求设计师必须具备必要的结构知识，熟悉和掌握现有的结构体系，并对结构从总体至局部，具有敏锐的、科学的和艺术的综合分析。

结构和材料的暴露与隐藏、自然与加工是艺术处理的两种不同手段，有时宜藏不宜露，有时宜露不宜藏，有时需现自然之质朴，有时需求加工之精巧，技术和艺术既有统一的一面，也有矛盾的一面。

同样的形状和形式，由于视点位置的不同，视觉效果也不一样。因此，可通过空间轴线的旋转，形成不同的角度，使同样的空间有不同的效果。也可以通过空间比例、尺度的变化使空间取得不同的感受，例如，中国传统民居以单一的空间组合成丰富多样的形式。

现代建筑充分利用空间处理的各种手法，如空间的错位、错叠、穿插、交错、切削、旋转、裂变、退台、悬挑、扭曲、盘旋等，使空间形式构成得到充分的发展。但是要使抽象的几何形体具有深刻的表现性，达到具有某种意境的室内景观，还要求设计者对空间构成形式的本质具有深刻的认识。

在20世纪20年代初西方现代艺术发展中，出现了以抽象的几何形体表现绘画和雕塑的构成主义流派。它是在毕加索的立体主义和赖特有机建筑的影响下，掀起的风格派运动中产生的。构成主义把矩形、红蓝黄三原色、不对称平衡作为创作的三要素。具有代表性的是荷兰抽象主义画家蒙德里安（1872—1944）用狭窄的黑带将画面划分为许多黑、白、灰和红、蓝、黄三原色方块图。随后，里特维尔德（1888—1964）根据构成主义的原则，设计了非常著名的红蓝黄三色椅，至今还在市场上广泛流传。俄国先锋派领袖康定斯基的第一幅纯抽象作品在1910年问世。1920年，塔特林为第三国际设计的纪念塔，是最有代表性的构成主义作品。在这个时期，绘画、雕塑和建筑三者紧密联系和合作，都以抽象的几何形体作为艺术表现的手段，这绝不是偶然的。

从具象到抽象，由感性到理性，由复杂到简练，从客观到主观，没有一个艺术家能离开这条道路，或者走到极端，或者在这条路上徘徊。我们且不谈其他艺术应该走什么道路，但对建筑来说，由于建筑本身是由几何形体所构成，不论设计师有意或无意，建筑总是以其外部的体量组合、内部的空间形态呈现于人们的面前，建筑的这种存在是客观现实，人们必须天天面对它，接受它的影响。因此，如果把建筑艺术看为一种象征性艺术，那么它的艺术表现的物质基础，也就只能是抽象的几何形体组合和空间构成了。

三、空间的类型

空间的类型或类别可以根据不同空间构成所具有的性质特点来加以区分，以利于在设计组织空间时选择和运用。

1. 固定空间和可变空间（或灵活空间）

固定空间常是一种经过深思熟虑的使用不变、功能明确、位置固定的空间，因此可以用固定不变的界面围隔而成。如目前居住建筑设计中常将厨房、卫生间作为固定不变的空间，确定其位置，而其余空间可以按用户需要自由分隔。

可变空间则与此相反，为了能适应不同使用功能的需要而改变其空间形式，因此常采用灵活可变的分隔方式，如折叠门、可开可闭的隔断，以及影剧院中的升降舞台、活动墙面、天棚等。

2. 静态空间和动态空间

静态空间一般说来形式比较稳定，常采用对称式和垂直水平界面处理。空间比较封闭，构成比较单一，视觉常被引导在一个方位或落在一个点上，空间常表现得非常清晰明确，一目了然。

动态空间，或称为流动空间，往往具有空间的开敞性和视觉的导向性的特点，界面（特别是曲面）组织具有连续性和节奏性，空间构成形式富有变化性和多样性，常使视线从这一点转向那一点。开敞空间连续贯通之处，正是引导视觉流通之时，空间的运动感既在于塑造空间形象的运动性上，如斜线、连续曲线等，更在于组织空间的节律性上，如锯齿形式有规律的重复，使视觉处于不停流动状态。

3. 开敞空间和封闭空间

开敞空间和封闭空间也有程度上的区别，如介于两者之间的半开敞和半封闭空间。它取决于房间的适用性质和周围环境的关系，以及视觉上和心理上的需要。在空间感上，开敞空间是流动的、渗透的，它可提供更多的室内外景观和扩大视野；封闭空间是静止的、凝滞的，有利于隔绝外来的各种干扰。在使用上，开敞空间灵活性较大，便于经常改变室内布置；而封闭空间提供了更多的墙面，容易布置家具，但空间变化受到限制，同时，和大小相仿的开敞空间相比显得要小。在心理效果上，开敞空间常表现为开朗的、活跃的；封闭空间常表现为严肃的、安静的或沉闷的，但富于安全感。在景观关系上和空间性格上，开敞空间是收纳性的、开放性的，而封闭空间是拒绝性的。因此，开敞空间更带公共性和社会性，而封闭空间更带私密性和个体性。

4. 空间的肯定性和模糊性

界面清晰、范围明确、具有领域感的空间，称肯定空间。一般私密性较强的封闭型空间常属于此类。

在建筑中凡属似是而非、模棱两可的空间，通常称为模糊空间。在空间性质上，它常介于两种不同类别的空间之间，如室外、室内，开敞、封闭等；在空间位置上常处于两部分空间之间而难于界定其所归属的空间，可此可彼，亦此亦彼。由此而形成空间的模糊性、不定性、多义性、灰色性，从而富于含蓄性，耐人寻味，常为设计师所宠爱，多用于空间的联系、过渡、引申等。许多采用套间式的房间，空间界线也不十分明确。

5. 虚拟空间和虚幻空间

虚拟空间是指在界定的空间内，通过界面的局部变化而再次限定的空间，如局部升高或降低的地坪或天棚，或以不同材质、色彩的平面变化来限定空间等等。

虚幻空间，是指室内镜面反映的虚像，把人们的视线带到镜面背后的虚幻空间去，于是产生空间扩大的视觉效果，有时还能通过几个镜面的折射，把原来平面的物件造成立体空间的幻觉，紧靠镜面的物体，还能把不完整的物件（如半圆桌），造成完整的物件（圆桌）的假象。因此，室内特别狭小的空间，常利用镜面来扩大空间感，并利用镜面的幻觉装饰来丰富室内景观。除镜面外，有时室内还利用有一定景深的大幅画面，把人们的视线引向远方，造成空间深远的意象。

四、空间的分隔与联系

室内空间的组合，从某种意义上讲，也就是根据不同使用目的，对空间在垂直和水平方向进行各种各样的分隔和联系，通过不同的分隔和联系方式，为人们提供良好的空间环境，满足不同的活动需要，并使其达到物质功能与精神功能的统一。上述不同空间类型或多或少与分隔和联系的方式分不开。空间的分隔和联系不单是一个技术问题，也是一个艺术问题。除了从功能使用要求来考虑空间的分隔和联系外，对分隔和联系的处理，如它的形式、组织、比例、方向、线条、构成以及整体布局等等，也对整个空间设计效果有着重要的意义，反映出设计的特色和风格。良好的分隔总是以少胜多，虚实得宜，构成有序，自成体系。

空间的分隔，应该处理好不同的空间关系和分隔的层次。首先是室内外空间的分隔，如入口、天井、庭院，它们都与室外紧密联系，体现内外结合及室内空间与自然空间交融等等。其次是内部空间之间的关系，主要表现在封闭和开敞的关系，空间的静止和流动的关系，空间过渡的关系，空间序列的开合、扬抑的组织关系，空间的开放性与私密性的关系以及空间性格的关系。最后是个别空间内部在进行装修、布置家具和陈设时对空间的再次分隔。这三个分隔层次应该在整个设计中获得高度的统一。

建筑物的承重结构，如承重墙、柱、剪力墙以及楼梯、电梯井和其他竖向管线井等，都是对空间的固定不变的分隔因素，因此，在划分空间处理时应特别注意它们对空间的影响，非承重结构的分隔材料，如各种轻质隔断、落地罩、博古架、帷幔、家具、绿化等，应注意它们构造的牢固性和装饰性。例如，意大利托斯卡纳松林里的某住宅，在框架的轨道上做任意的活动分隔变化，住宅的广度是模糊的和不限定的，大自然直接伸进住宅，使建筑与大自然交织在一起，创造不同的内部空间感受。

此外，利用顶棚、地面的高低变化或色彩、材料质地的变化，可作象征性的空间限定，即上述的虚拟空间的一种分隔方式。

五、空间形态的构思和创造

随着社会生产力的不断发展和文化技术水平的提高，人们对空间环境的要求也将愈来愈高，而空间形态乃是空间环境的基础，它决定空间总的效果，对空间环境的气氛、格调起着关键性的作用。室内空间的不同处理手法和不同的目的要求，最终将凝结在各种形式的空间形态之中。人类经过长期的实践，对室内空间形式的创造积累了丰富的经验，但由于建筑室内空间的无限丰富性和多样性，特别对于在不同方向、不同位置空间上的相互渗透和融合，有时确实很难找出恰当的临界范围而明确地划分这一部分空间和那一部分空间，这就为室内空间形态分析带来一定的困难。然而，当人们抓住了空间形态的典型特征及其处理方法的规律，就可以从浩如烟海、千姿百态的空间中理出一些头绪来。

（一）常见的基本空间形态

1. 下沉式空间（也称地坑）。室内地面局部下沉，在统一的室内空间中就产生了一个界限明确、富有变化的独立空间。由于下沉地面标高比周围的要低，因此有一种隐蔽感、保护感和宁静感，使其成为具有一定私密性的小天地。人们在其中休息、交谈也倍觉亲切，在其中工作、学习，较少受到干扰。同时随着视点的降低，空间感觉增大，并对室内外景观也会引起不同凡响的变化，并能适用于多种性质的房间。

2. 地台式空间。与下沉式空间相反，如将室内地面局部升高也能在室内产生一个边界十分明确的空间，但其功能、作用几乎和下沉式空间相反，由于地面升高形成一个台座，和周围空间相比变得十分醒目突出，因此它适用于惹人注目的展示和陈列。许多商店常利用地台式空间布置最新产品，使人们一进店堂就可一目了然，很好地发挥了商品的宣传作用。

3．凹室与外凸空间。凹室是在室内局部退进的一种室内空间形态，特别在住宅建筑中运用得比较普遍。由于凹室通常只有一面开敞，因此，在大空间中自然比较少受干扰，形成安静的一角，有时常把顶棚降低，造成具有清静、安全、亲密感的特点，是空间中私密性较高的一种空间形态。根据凹进的深浅和面积大小的不同，可以作为多种用途的布置，在住宅中多数利用它布置床位，这是最理想的私密性位置。有时甚至在家具组合时，也特地空出能布置座位的凹角。在公共建筑中常用凹室，避免人流穿越干扰，获得良好的休息空间。许多餐厅、茶室、咖啡厅，也常利用凹室布置雅座。对于长内廊式的建筑，如宿舍、门诊、旅馆客房、办公楼等，能适当间隔布置一些凹室，作为休息等候场所，可以避免空间的单调感。

凹凸是一个相对概念，如凸式空间就是一种对内部空间而言是凹室，对外部空间而言是向外凸出的空间。如果周围不开窗，从内部而言仍然保持了凹室的一切特点，但这种不开窗的外凸式空间，在设计上一般没有多大意义，除非外形需要，仅能作为外凸式楼梯、电梯等使用。大部分的外凸式空间希望将建筑更好地伸向自然、水面，达到三面临空，饱览风光，使室内外空间融合在一起，或者为了改变朝向方位，采取的锯齿形的外凸空间，这是外凸式空间的主要优点。住宅建筑中的挑阳台、日光室都属于这一类。外凸式空间在西洋古典建筑中运用得比较普遍，因其有一定特点，故至今在许多公共建筑和住宅建筑中也常被采用。

4．回廊与挑台。也是室内空间中独具一格的空间形态。回廊常采用于门厅和休息厅，以增强其入口宏伟、壮观的第一印象和丰富垂直方向的空间层次。结合回廊，有时还常利用扩大楼梯休息平台和不同标高的挑平台，布置一定数量的桌椅作为休息交谈的独立空间，并建造成高低错落、生动别致的室内空间环境。由于挑台居高临下，提供了丰富的俯视视角环境，现代旅馆建筑中的中庭，很多是多层回廊挑台的集合体，并表现出多种多样处理手法和不同效果，借以吸引广大游客。

5．交错、穿插空间。城市中的立体交通，车水马龙，川流不息，显示出一个城市的活力，也是繁华城市壮观的景象之一。现代室内空间设计早已不满足于封闭的六面体和静止的空间形态，在创作中常把室外的城市立交模式引进室内，不但用于大量群众的集合场所如展览馆、俱乐部等建筑，用在分散和组织人流上也颇为相宜，而且在某些规模较大的住宅中也有使用。在这样的空间中，人们上下活动交错川流，俯仰相望，静中有动，不但丰富了室内景观，也给室内环境增添了生气和活跃气氛。这里可以回忆赖特的著名建筑落水别墅，其之所以被人们推崇，除了其他因素之外，该建筑的主体部分成功地塑造出的交错式空间构图起到了极其关键的作用。交错、穿插空间形成的水平、垂直方向空间流通，具有扩大空间的效果。

6. 母子空间。人们在大空间一起工作、交谈或进行其他活动，有时会感到彼此干扰，缺乏私密性，空旷而不够亲切，而在封闭的小房间虽避免了上述缺点，但又会产生工作上不便和空间沉闷、闭塞的感觉。在大空间内围隔出小空间，这种封闭与开敞相结合的办法可使二者兼得，因此在许多建筑类型中被广泛采用。甚至有些公共大厅如柏林爱乐音乐厅，把大厅划分成若干小区，增强了亲切感和私密感，更好地满足了人们的心理需要。这种强调共性中有个性的空间处理，强调心（人）、物（空间）的统一，是公共建筑设计中的大进步。现在有许多公共场所厅虽大，但使用率很低，因为常常在这样的大厅中找不到一个适合于少数几个人交谈、休息的地方。当然也不是说所有的公共大厅都应分小隔小，如果处理不当，有时也会失去公共大厅的性质或分隔得支离破碎，所以按具体情况灵活运用，这是母子空间成败的关键。

7. 共享空间。波特曼首创的共享空间，在各国享有盛誉，它以其罕见的规模和内容，丰富多彩的环境，独出心裁的手法，将多层内院打扮得光怪陆离、五彩缤纷。从空间处理上讲，共享大厅可以说是一个具有运用多种空间处理手法的综合体系。现在也有许多像四季厅、中庭等类型的共享大厅，在各类建筑中竞相效仿，相继诞生。但某些大厅却缺乏应有的活力，很大程度上是由于空间处理上不够生动，没有恰当地融汇各种空间形态。变则动，不变则静，单一的空间类型往往是静止的感觉，多样变化的空间形态就会形成动感。波特曼式的共享大厅其特点之一就在于此。

（二）室内空间设计手法

内部空间的多种多样的形态，都是具有不同性质和用途的，它们受到决定空间形态的各方面因素的制约，绝非任何主观臆想的产物，因此，要善于利用一切现实的客观因素，并在此基础上结合新的构思，特别要注意化不利因素为有利因素，才是室内空间创造的源泉和正确途径。

1. 结合功能需要提出新的设想。许多真正成功的优秀作品，几乎都紧紧围绕着“用”字下功夫，以新的形式来满足新的用途，就要有新的构思。例如荷兰阿佩尔多恩的办公楼，根据希望创造家庭式的气氛的构思，采取小型方匣作为基本模型，布置二、三、四层，以适应不同要求的工作室，空间亲切，分隔很自由。

2. 结合自然条件，因地制宜。自然条件在各地有许多不同，如气候、地形、环境等的差别，特别是建设地段的限制在高度密集的城市中更显著。这种不利条件往往可以转为有利条件，产生别开生面的内外空间。

3．结构形式的创新。结构的受力系统有一定的规律，但采取的形式可以千变万化，正像自然界的生物一样，都有同一结构体系，却反映出千姿百态的类别。这里仅以美国北卡罗来纳达勒姆某公司总部为例，该建筑由于采取平头“A”字形骨架，斜向支承杆件在顶部由横梁连接，使内部空间别具一格。

4．建筑布局与结构系统的统一与变化。建筑内部空间布局，在限定的结构范围内，一定程度上既有制约性，又有极大的自由性。换句话说，即使结构没有创新，但内部建筑布局依然可以有所创新，有所变化。以统一柱网的框架结构而论，为了使结构体系简单、明确、合理，一般说来，柱网系列是十分规则和简单的，如果完全死板地跟着柱网的进深、开间来划分房间，即结构体系和建筑布局完全相对应，那么，所有房间的内部空间就将成为不同网格倍数的大大小小的单调的空间。但如果不完全按柱网轴线来划分房间，则可以造成很多内部空间的变化。一般有下列方法：

（1）柱网和建筑布局（房间划分）平行而不对应。虽然房间的划分与纵横方向的柱网平行，但不一定恰好在柱网轴线位置上，这样在建筑内部空间上会形成许多既不受柱网开间进深变化的影响，又可以产生许多生动的趣味空间。例如，有的房间内露出一排柱子，有的房间内只有一根或几根柱子；有的房间是对称的，有的则为不对称的等等。而且柱子在房间内的位置也可按偏离柱网的不同而不同，运用这样方法的例子很多。

（2）柱网和建筑（分划）成角布置。采用这样的方法非常普遍，它所形成的内部空间和前一方法的不同点在于能形成许许多多非90°角的内部空间，这样除了具有上述的变化外，还打破了千篇一律的矩形平面空间。采用此法，一般以与柱网成45°者居多，相对方向的45°交角又形成了90°直角，这样在变化中又避免了更多锐角房间出现。从这种45°承重的或非承重的墙体布置，最近已发展到家具也采取45°的布置方法了。

（3）上下层空间的非对应关系。上述结构和建筑房间分划的关系，主要指平面关系，由于这样的平面变化，室内空间也随之有所改变，现代建筑已不满足于平面上的变化，还希望在垂直方向上同时有所变化和创新。因此，在许多建筑中，经常采用上下空间非对应的布置方式，这种上下层的非对应关系是多种多样的。例如下面一层没有房间，而相对应的上层部位设置房间；或上层房间是纵向的布置，而下层房间却为横向布置；或下层房间小，上层房间大等等。这样可能会对结构带来一些麻烦，因此可以考虑调整整体的结构系统，也可以进行局部的变化，这是完全可以做到的。

建筑本身是一个完整的整体，外部体量和内部空间只是其表现形式的两个方面，是统一的、不能分割的。过去很少从内部空间的要求来考虑建筑，现在研究内部空间的同时，还应该熟悉和掌握现代建筑在外部造型上的一些规律和特点，那就是：①整体性：强调大的效果；②单一性：强调简洁、明确的效果；③雕塑性：强调完整独立的性格；④重复性：强调单元化，“以一当十”，重复印象；⑤规律性：强调主题符号贯彻始终；⑥几何性：强调鲜明性；⑦独创性：强调建筑个性、地方性，标新立异，不予雷同；⑧总体性：强调与环境结合。这些特点都会反映和渗透到内部空间来，设计者要有全局观和协调内外的本领。

第二节 室内设计的界面处理

室内界面，即围合成室内空间的底面（楼、地面）、侧面（墙面、隔断）和顶面（平顶、顶棚）。人们使用和感受室内空间，但通常直接看到甚至触摸到的则为界面实体。

从室内设计的整体观念出发，我们必须把空间与界面、虚无与实体，这一对“无”与“有”的矛盾，有机地结合在一起分析和对待。但是在具体的设计进程中，不同阶段也可以各具重点，例如在室内空间组织、平面布局基本确定以后，对界面实体的设计就显得非常突出。

室内界面的设计，既有功能技术要求，也有造型和美观要求。作为材料实体的界面，有界面的线形和色彩设计，界面的材质选用和构造问题。此外，现代室内环境的界面设计还需要与房屋室内的设施、设备予以周密的协调，例如界面与风管尺寸及出、回风口的位置，界面与嵌入灯具或灯槽的设置，以及界面与消防喷淋、报警、通信、音响、监控等设施的接口也需重视。

一、室内界面的要求和功能特点

底面、侧面、顶面等各类界面在室内设计时，既对它们有共同的要求，各类界面在使用功能方面又各有它们的特点。

1. 各类界面的共同要求

（1）耐久性及使用期限；

（2）耐燃及防火性能（现代室内装饰应尽量采用不燃及难燃性材料，避免采用燃烧时释放大量浓烟及有毒气体的材料）；

（3）无毒（指散发气体及触摸时的有害物质低于核定剂量）；

（4）无害的核定放射剂量（如某些地区所产的天然石材，具有一定的氡放射量）；

（5）易于制作安装和施工，便于更新；

（6）必要的隔热保暖、隔声吸声性能；

（7）装饰及美观要求；

（8）相应的经济要求。

2．各类界面的功能特点

（1）底面（楼、地面）——耐磨、防滑、易清洁、防静电等；

（2）侧面（墙面、隔断）——挡视线，较高的隔声、吸声、保暖、隔热要求；

（3）顶面（平顶、顶棚）——质轻，光反射率高，较高的隔声、吸声、保暖、隔热要求。

为便于分析比较，各类界面的基本功能要求如表2-1所示。

表2-1　各类界面的基本功能要求

基本功能要求	地面（楼、地面）	侧面（墙面、隔断）	顶面（平顶、顶棚）
使用期限及耐久性	●	○	○
耐燃及防火性能	●	●	●
无毒、不发散			
有害气体	●	●	●
核定允许的放射剂量	●	●	●
易于施工安装或加工制作，便于更新	●	●	●
自重轻	○	○	●
耐磨耐腐蚀	●	○	
防　滑	●		
易清洁	●	○	
隔热保暖	●	●	●
隔声吸声	●	●	●
防潮防水	●	○	○
光反射率		○	●

二、室内界面装饰材料的选用

室内装饰材料的选用，是界面设计中涉及设计成果的实质性的重要环节，它直接影响到室内设计整体的实用性、经济性、环境气氛和美观与否。设计人应熟悉材料质地、性能特点，了解材料的价格和施工操作工艺要求，善于和精于运用当今先进的物质技术手段，为实现设计构思创造坚实的基础。

界面装饰材料的选用，需要考虑下述几方面的要求：

1．适应室内使用空间的功能性质

对于不同功能性质的室内空间，需要由相应类别的界面装饰材料来烘托室内的环境氛围，例如文教、办公建筑的宁静、严肃气氛，娱乐场所的欢乐、愉悦气氛，与所选材料的色彩、质地、光泽、纹理等密切相关。

2．适合建筑装饰的相应部位

不同的建筑部位，相应地对装饰材料的物理、化学性能及观感等的要求也各有不同。例如对建筑外装饰材料，要求有较好的耐风化、防腐蚀的耐候性能，由于大理石中主要成分为碳酸钙，常与城市大气中的酸性物化合而受侵蚀，因此外装饰一般不宜使用大理石；又如室内房间的踢脚部位，由于需要考虑地面清洁工具、家具、器物底脚碰撞时的牢度和易于清洁程度，因此通常需要选用有一定强度、硬质、易于清洁的装饰材料；常用的粉刷、涂料、墙纸或织物软包等墙面装饰材料，都不能直落地面。

3．符合更新、时尚的发展需要

由于现代室内设计具有动态发展的特点，设计装修后的室内环境，通常并非一劳永逸，而是需要更新、讲究时尚的。原有的装饰材料需要由无污染、质地和性能更好的、更为新颖美观的装饰材料来取代。

界面装饰材料的选用，还应注意“精心设计、巧于用材、优材精用、一般材质新用”。装饰标准有高低，但即使是标准高的室内装饰也不应该是贵材料的堆砌。鲁迅先生《而已集》中的一段文字，对我们装饰设计很有启迪：“穷措大想做富贵诗，多用些‘金’‘玉’‘锦’‘绮’字面，自以为豪华，而不知适见其寒蠢，真会写富贵景象的，有道：‘笙歌归院落，灯火下楼台’，全不用那些字。”

室内界面处理，铺设或贴置装饰材料是做“加法”，但一些结构体系和结构构件的建筑室内，也可以做“减法”，如明露的结构构件，利用模板纹理的混凝土构件或清水砖面等。例如某些体育建筑、展览建筑、交通建筑的顶面由显示结构的构件构成，有些人不易直接接触的墙面，可用不加装饰、具有模板纹理的混凝土面或清水砖面，等等。

在有地方材料的地区，适当选用当地的地方材料，既减少运输，相应地降低造价，又使室内装饰易具地方风味。

界面装饰材料的选用，还应考虑便于安装、施工和更新。

现将不同界面的各类装饰材料的特性、适用范围与选用，分别列于表2-2至表2-4。

表2–2　底面装饰材料特性与选用

底面装饰材料（楼、地面）	材料特性及其适用的室内楼面
水泥砂浆	适用于一般生活活动及辅助用房
现浇水磨石	色彩和花饰可按设计配置，易清洁，防滑及吸声差，适用于公共活动和盥洗用房
PVC卷材	色彩和花饰可供选择，有弹性，易清洁，易施工，适用于人流量不大的居住或公共活动用房
木地面	有纹理，隔热保暖性好，有弹性，适用于居住、托幼以及舞厅等
预制水磨石	色彩和花饰可供选择，易清洁、易施工，防滑及吸声差，适用于公共活动和盥洗用房
陶瓷锦砖	耐久、耐磨性好，易清洁，易施工，吸声差，适用于公共活动用房、交通性建筑以及盥洗用房等
花岗岩	有纹理，耐久、耐磨性好，易清洁，吸声差，适用于装饰要求高的公共活动建筑的门厅、走廊及有大量人流的交通建筑等
大理石	有纹理，易清洁，吸声差，适用于装饰要求高的公共活动建筑的门厅、休息廊、餐厅等

表2–3　侧面装饰材料特性与选用

侧面装饰材料（墙面）	材料的性能及其适用的室内墙面
灰砂粉刷 水泥砂 浆粉刷	适用于一般生活活动及辅助用房
油漆涂料	色彩可供选择，易清洗，适用于一般公共活动、居住用房
墙纸墙布	色彩、纹样可供选择，高发泡类稍具吸声作用，适用于旅馆客房、居住用房以及人流量不大的公共活动用房和走廊
PVC板贴面	色彩、纹样可供选择，易清洁，适用于行政办公、餐厅、会议等公共活动用房
人造革及织锦缎	色彩、纹样可供选择，触摸感好，吸声好，需经阻燃处理，适用于装饰要求高的会堂、接待餐厅或居住用房
木装修木 台度木板 夹板贴面	有纹理，易清洁，触摸感好，需经阻燃处理，适用于公共活动及居住用房等
陶瓷面砖	易清洁，维修更新较方便，吸声差，适用于公共活动以及盥洗室等
大理石 花岗石	有纹理，易清洁，吸声差，适用于装饰要求高的旅馆、会场、文化建筑等的门厅、走廊、公共活动用房，以及交通建筑等
镜面玻璃	具有扩大室内空间感，吸声差，适用于需要扩大空内室间感的公共活动用房

表2-4　顶面装饰材料特性与选用

顶面装饰材料（平、吊顶）	材料特性及其使用的室内平、吊顶
灰砂粉刷 水泥砂浆 粉　刷	适用于一般生活活动及辅助用房
油　漆 涂　料	色彩可供选择，易清洁，适用于一般公共活动、居住用房
墙　纸 墙　布	色彩、纹样可供选择，高发泡类稍具吸声作用，适用于旅馆客房、居住用房以及人流量不大的公共活动用房和走廊
木装修 夹板平顶	有纹理，需经阻燃处理，适用于居住生活及空间不大的公共活动用房
石膏板 石膏矿 棉　板	防火性能好，平顶上部便于安装管线，适用于各类公共活动用房
硅钙板 矿棉水泥板 穿孔板	防火性能好，穿孔板具有吸声作用，适用于各类公共活动用房
金属压型板 金属穿孔板	自重轻，平顶上部便于安装和检修管线，适用于装饰要求较高的各类公共活动用房
金属格片	自重轻，平顶上部便于安装和检修管线及灯具，适用于大面积公共活动用房及交通建筑

现代工业和后工业社会，“回归自然”是室内装饰的发展趋势之一，因此室内界面装饰常适量地选用天然材料。即使是现代风格的室内装饰，也常选配一定量的天然材料，因为天然材料具有优美的纹理和材质，使人感受更加自然。常用的木材、石材等天然材质的性能和品种示例如下：

1. 木材：具有质轻、强度高、韧性好、热工性能佳，且手感、触感好等特点，纹理和色泽优美愉悦，易于着色和油漆，便于加工、连接和安装，但需注意防止挠曲变形，应予防火和防蛀处理，表面的油漆或涂料应选用不散发有害气体的涂层。

杉木、松木——常用作内衬构造材料，因纹理清晰，现代工艺改性后可作装饰面材；

柳桉——有黄、红等不同品种，易于加工，不挠曲；

水曲柳——纹理美，广泛用于装饰面材；

阿必东——产于东南亚，加工较不易，用途同水曲柳；

椴木——纹理美，易加工；

桦木、枫木——色较淡雅；

橡木——有红橡和白橡之分，白橡木可染色，较坚韧，近年来广泛用于家具及饰面；

山毛榉木——纹理美，色较淡雅；

柚木——性能优，耐腐蚀，用于高级地板、台度及家具等。

此外还有雀眼木、桃花心木、樱桃木、花黎木、黑胡桃木等，纹理具有材质特色，常以薄片或夹板形式作小面积镶拼装饰面材。

从节约优质木材考虑，应尽可能将优质材当薄片及夹板面层的材质使用，也可作为复合材的面层。

2．石材：浑实厚重，压强高，耐久、耐磨性能好，纹理和色泽极为美观，且各品种的特色鲜明。其表面根据装饰效果需要，可作凿毛、烧毛、亚光、磨光镜面等多种处理，运用现代加工工艺，可使石材成为具有单向或双向曲面、饰以花色线脚等的异形材质。天然石材作装饰用材时应注意材料的色差，如施工工艺不当，湿作业时常留有明显的水渍或色斑，影响美观。从节省天然材质考虑，石材也应尽可能加工成2～5mm的薄片，并与金属高分子材料组成复合材料用于装饰面材。

3．花岗石：

黑色——济南青、福鼎黑、蒙古黑、黑金砂等；

白色——珍珠白、银花白、大花白、桑巴白等；

麻黄色——麻石（产于江苏金山、浙江莫干山、福建沿海等地）、金麻石、菊花石等；

蓝色——蓝珍珠、蓝点啡麻（蓝中带麻色）、紫罗兰（蓝中带紫红色）等；

绿色——凄霞绿、宝兴绿、印度绿、绿宝石、幻彩绿等；

浅红色——玫瑰红、西丽红、樱花红、幻彩红等；

棕红、橘红色——虎皮石、蒙地卡罗、卡门红、石岛红等；

深红色——中国红、印度红、岑溪红、将军红、红宝石、南非红等。

4．大理石：

黑色——桂林黑、黑白根（黑色中夹以少量白、麻色纹）、品墨玉、芝麻黑、黑白花（又名残雪，黑底上带少量方解石浮色）等；

白色——汉白玉、雪花白、宝兴白、爵士白、克拉拉白、大花石、鱼肚白等；

麻黄色——锦黄、旧米黄、新米黄、金花米黄、银线米黄、沙阿娜、金峰石等；

绿色——丹东绿、莱阳绿（呈灰斑绿色）、大花绿、孔雀绿等；

各类红色——皖螺、铁岭红（东北红）、珊瑚红、陈皮红、挪威红、万寿红等。

此外还有宜兴咖啡、奶油色、紫地满天星、青玉石、木纹石等不同花色、纹理的大理石。

界面材质的选用，首先还是应该从使用功能合理方面来考虑，例如住宅的居室从脚感舒适和保暖隔热等考虑，木质地面还是有较好的使用性能的；又如地铁车站的地面，由于人流量大，耐磨的性能极为重要，又要考虑防滑和易清洁，因此选用花岗岩石材，但表面又不宜磨得过于光滑。

三、室内界面处理及其感受

人们对室内环境气氛的感受，通常是综合的、整体的，既有空间形状，也有作为实体的界面。视觉感受界面的主要因素有：室内采光、照明、材料的质地和色彩、界面本身的形状、线脚和面上的图案肌理等。

在界面的具体设计中，根据室内环境气氛的要求和材料、设备、施工工艺等现实条件，也可以在界面处理时重点运用某一手法，例如：显露结构体系与构件构成；突出界面材料的质地与纹理；界面凹凸变化造型特点与光影效果；强调界面色彩或色彩构成；界面上的图案设计与重点装饰。

（一）材料的质地

室内装饰材料的质地，根据其特性大致可以分为：天然材料与人工材料；硬质材料与柔软材料；精致材料与粗犷材料。如磨光的花岗石饰面板属于天然硬质精致材料，斩假石属于人工硬质粗犷材料等等。

天然材料中的木、竹、藤、麻、棉等常给人们以亲切感，室内采用显示纹理的木材、藤竹家具、草编铺地以及粗略加工的墙体面材，粗犷自然，富有野趣，使人有回归自然的感受。

不同质地和表面加工的界面材料，给人们的感受如下：

平整光滑的大理石——整洁、精密；

纹理清晰的木材——自然、亲切；

具有斧痕的假石——有力、粗犷；

全反射的镜面不锈钢——精密、高科技；

清水勾缝砖墙面——传统、乡土情；

大面积灰砂粉刷面——平易、整体感。

由于色彩、线形、质地之间具有一定的内在联系和综合感受，又受光照等整体环境的影响，因此，上述感受也具有相对性。

（二）界面的线形

界面的线形是指界面上的图案、界面边缘、交接处的线脚以及界面本身的形状。

1．界面上的图案与线脚：界面上的图案必须从属于室内环境整体的气氛要求，起到烘托、加强室内精神功能的作用。根据不同的场合，图案可能是具象的或抽象的、有彩的或无彩的、有主题的或无主题的；图案的表现手段有绘制的、与界面同质材料的，或以不同材料制作。界面的图案还需要考虑与室内织物（如窗帘、地毯、床罩等）的协调。

界面的边缘、交接、不同材料的连接，它们的造型和构造处理，即所谓“收头”，是室内设计中的难点之一。界面的边缘转角通常以不同断面造型的线脚处理，如墙面木台度下的踢脚和上部的压条等的线脚，光洁材料和新型材料大多不做传统材料的线脚处理，但也有界面之间的过渡和材料的“收头”问题。

界面的图案与线脚，花饰和纹样，也是室内设计艺术风格定位的重要表达。

2．界面的形状：界面的形状，较多情况是以结构构件、承重墙柱等为依托，以结构体系构成轮廓，形成平面、拱形、折面等不同形状的界面，也可以根据室内使用功能对空间形状的需要，脱开结构层另行考虑。例如剧场、音乐厅的顶界面，近台部分往往需要根据几何声学的反射要求，做成反射的曲面或折面。除了结构体系和功能要求以外，界面的形状也可按所需的环境气氛设计。

（三）界面的不同处理与视觉感受

室内界面由于线型的不同划分、花饰大小的尺度各异、色彩深浅的各样配置以及采用各类材质，都会给人们视觉上以不同的感受。

应该指出的是，界面不同处理手法的运用，都应该与室内设计的内容和需要营造的室内环境氛围、造型风格相协调，如果不考虑场合和建筑物使用性质，随意选用各种界面处理手法，会有“画蛇添足”的不良后果。

第三节　室内色彩设计的基本要求与方法

一、室内色彩设计的基本要求

在进行室内色彩设计时，应首先了解和色彩有密切联系的以下问题：

1．空间的使用目的。不同的使用目的，如会议室、病房、起居室，显然在考虑色彩的要求、性格的体现、气氛的形成上各不相同。

2．空间的大小、形式。色彩可以按不同空间大小、形式来进一步强调或削弱。

3．空间的方位。不同方位在自然光线作用下的色彩是不同的，冷暖感也有差别，因此，可利用色彩来进行调整。

4．空间使用者的类别。老人、小孩、男、女，对色彩的要求有很大的区别，色彩应符合居住者的爱好。

5．使用者在空间内的活动及使用时间的长短。学习的教室、工业生产车间，不同的活动与工作内容，要求不同的视线条件，才能提高效率、安全和达到舒适的目的。长时间使用的房间的色彩对视觉的作用，应比短时间使用的房间强得多。色彩的色相、彩度对比等的考虑也存在着差别，对长时间活动的空间，主要应考虑不产生视觉疲劳。

6．该空间所处的周围情况。色彩和环境有密切联系，尤其在室内，色彩的反射可以影响其他颜色。同时，不同的环境，通过室外的自然景物也能反射到室内来，色彩还应与周围环境相协调。

7．使用者对于色彩的偏爱。一般来说，在符合原则的前提下，应该合理地满足不同使用者的爱好和个性，才能符合使用者的心理要求。

在符合色彩的功能要求原则下，可以充分发挥色彩在构图中的作用。

二、室内色彩的设计方法

（一）色彩的协调问题

室内色彩设计的根本问题是配色问题，这是室内色彩效果优劣的关键，孤立的颜色无所谓美或不美。就这个意义上说，任何颜色都没有高低贵贱之分，只有不恰当的配色，而没有不可用之颜色。色彩效果取决于不同颜色之间的相互关系，同一颜色在不同的背景条件下，其色彩效果可以迥然不同，这是色彩所特有的敏感性和依存性，因此，如何处理好色彩之间的协调关系，就成为配色的关键。

如前所述，色彩与人的心理、生理有密切的关系。当我们注视红色一定时间后，再转视白墙或闭上眼睛，就仿佛会看到绿色（即红色的补色）。此外，在以同样明亮的纯色作为底色，色域内嵌入一块灰色，如果纯色为绿色，则灰色色块看起来带有红色（即绿色的补色），反之亦然。这种现象，前者称为“连续对比”，后者称为“同时对比”。而视觉器官按照自然的生理条件，对色彩的刺激本能地进行调剂，以保持视觉上的生理平衡，并且只有在色彩的互补关系建立时，视觉才得到满足而趋于平衡。如果我们在中间灰色背景上去观察一个中灰色的色块，那么就不会出现和中灰色不同的视觉现象。因此，中间灰色就同人们视觉所要求的平衡状况相适应，这就是在考虑色彩平衡与协调时的客观依据。

色彩协调的基本概念是由白光光谱的颜色，按其波长从紫到红排列的，这些纯色彼此协调，在纯色中加进等量的黑或白所区分出的颜色也是协调的，但不等量时就不协调，例如米色和绿色、红色和棕色不协调，海绿和黄接近纯色，是协调的。在色环上处于相对地位并形成一对互补色的那些色相是协调的，将色环等分，造出一种特别和谐的组合。色彩的近似协调和对比协调在室内色彩设计中都是需要的，近似协调固然能给人以统一和谐的平静感觉，但对比协调在色彩之间的对立、冲突所构成的和谐关系却更能动人心魄，关键在于正确处理和运用色彩的统一与变化规律。和谐就是秩序，一切理想的配色方案，所有相邻光色的间隔是一致的。

（二）室内色调的分类与选择

根据上述的色彩协调规律室内色调可以分为下列几种：

1．单色调。以一个色相作为整个室内色彩的主调，称为单色调。单色调可以获得宁静、祥和的效果，并具有良好的空间感以及为室内的陈设提供良好的背景。在单色调中应特别注意通过明度及彩度的变化，加强对比，并用不同的质地、图案及家具形状，来丰富整个室内。单色调中也可适当加入黑白无彩色作为必要的调剂。

2．相似色调。相似色调是最容易运用的一种色彩方案，也是最大众化和深受人们喜爱的一种色调，这种方案只用两三种在色环上互相接近的颜色，如黄、橙、橙红，蓝、蓝紫、紫等，所以十分和谐。相似色同样也很宁静、清新，这些颜色也由于它们在明度和彩度上的变化而显得丰富。一般说来，需要结合无彩体系，才能加强其明度和彩度的表现力。

3．互补色调。互补色调或称对比色调，是运用色环上的相对位置的色彩，如青与橙、红与绿、黄与紫，其中一个为原色，另一个为二次色。对比色使室内生动而鲜亮，使人能够很快获得注意和引起兴趣。但采用对比色必须慎重，其中一色应始终占支配地位，使另一色保持原有的吸引力。过强的对比有使人震惊的效果，可以用明度的变化而加以“软化”，同时强烈的色彩也可以减低其彩度，使其变灰而获得平静的效果。采用对比色意味着这房间中具有互补的冷暖两种颜色，对房间来说显得小些。

4．分离互补色调。采用对比色中一色的相邻两色，可以组成三个颜色的对比色调，获得有趣的组合。互补色（对比色），双方都有强烈表现自己的倾向，用得不当，可能会削弱其表现力。而采用分离互补，如红与黄绿和蓝绿，就能加强红色的表现力。如选择橙色，其分离互补色为蓝绿和蓝紫，就能加强橙色的表现力。通过此三色的明度和彩度的变化，也可获得理想的效果。

5. 双重互补色调。双重互补色调有两组对比色同时运用，采用4个颜色，对小的房间来说可能会造成混乱，但也可以通过一定的技巧进行组合尝试，使其达到多样化的效果。对大面积的房间来说，增加其色彩变化，是一个很好的选择。使用时也应注意两种对比中应有主次，对小房间更应把其中之一作为重点处理。

6. 三色对比色调。在色环上形成三角形的3个颜色组成三色对比色调，如常用的黄、青、红三原色，这种强烈的色调组合适于文娱室等。如果将黄色软化成金色，红色加深成紫红色，蓝色加深成靛蓝色，这种色彩的组合如在优雅的房间中布置了贵重的东方地毯。如果将此三色都软化成柔和的玉米色、玫瑰色和亮蓝色，其组合的结果像我们经常看到的印花布和方格花呢，这种轻快的、娇嫩的色调，宜用于小女孩卧室或小食部。其他的三色对比色调，如绿、紫、橙，有时显得非常耀眼，并不能吸引人，但当用不同的明度和彩度变化后，可以组成十分迷人的色调。

7. 无彩色调。由黑、灰、白色组成的无彩系，是一种十分高级和高度吸引人的色调。采用黑、灰、白无彩系色调，有利于突出周围环境的表现力，因此，在优美的风景区以及繁华的商业区，高明的建筑师和室内设计师都极力反对过分装饰或精心制作饰面，因为它们会有损于景色。贝聿铭设计的香山饭店和约瑟夫杜尔索设计的纽约市区公寓，室内色彩设计成功之处就在这里。在室内设计中，粉白色、米色、灰白色以及每种高明度色相，均可认为是无彩色，完全由无彩色建立的色彩系统，非常平静。但由于黑与白的强烈对比，用量要适度，例如大于2/3为白色面积，小于1/3为黑色，在一些图样中可以用一些灰。

在某些黑白系统中，可以加进一种或几种纯度较高的色相，如黄、绿、青绿或红，这和单色调的性质是不同的，因其无彩色占支配地位，彩色只起到点缀作用，也可称为无彩色与重点色相结合的色调。这种色调色彩丰富而不紊乱，彩色面积虽小但重点更为突出，在实践中被广泛运用。

无论采用哪一种色调体系，决不能忘记无彩色在协调色彩上起着不可忽视的作用。白色，几乎是唯一可以推荐作为大面积使用的色彩。黑色被认为是具有力量和权力的象征。在我们实际生活中，也可以看到，凡是采用纯度极高的鲜明色彩，如服装，当鲜红色、翠绿色等与黑色配合，不但使其色彩更为光彩夺目，而且整个色调显得庄重大方，避免了妖艳轻薄之感。当然，也不能无限制地使用，以免引起色彩上的混乱和乏味。

（三）室内色彩构图

综上所述，色彩在室内构图中可以发挥特别的作用具体如下：

1. 可以使人对某物引起注意，或使其重要性降低。

2. 色彩可以使目的物变得最大或最小。

3. 色彩可以强化室内空间形式，也可破坏其形式，例如：为了打破单调的六面体空间，采用超级平面美术方法，它可以不依顶棚、墙面、地面的界面区分和限定，自由地、任意地突出其抽象的彩色构图，模糊或破坏了空间原有的构图形式。

4. 色彩可以通过反射来修饰。由于室内物件的品种、材料、质地、形式和彼此在空间内层次的多样性和复杂性，室内色彩的统一性，显然居于首位。一般可归纳为下列各类色彩部分：

（1）背景色。如墙面、地面、顶棚，它占有极大面积并起到衬托室内一切物件的作用，因此，背景色是室内色彩设计中首要考虑和选择的问题。

不同色彩在不同的空间背景（顶棚、墙面、地面）上所处的位置，对房间的性质，对心理知觉和感情反应可以造成很大的不同，一种特殊的色相虽然完全适用于地面，但当它用于顶棚上时，则可能产生完全不同的效果。现将不同色相用于顶棚、墙面、地面时作粗浅分析：

①红色顶棚：干扰，重；墙面：进犯的，向前的；地面：留意的，警觉的。纯红除了当作强调色外，实际上是很少用的，用得过分会增加空间的复杂性，应对其限制更为适合。

②粉红色顶棚：精致的，愉悦舒适的，或过分甜蜜，决定于个人爱好；墙面：软弱，如不是灰调则太甜；地面：或许过于精致，较少采用。

③褐色顶棚：沉闷压抑和重（如果为暗色）；墙面：如为木质是稳妥的；地面：稳定沉着的。褐色在某些情况下，会唤起糟糕的联想，设计者需慎用。

④橙色顶棚：引起注意和兴奋；墙面：暖和与发亮的；地面：活跃，明快。橙色比红色更柔和，有更可相处的魅力；反射在皮肤上可以加强皮肤的色调。

⑤黄色顶棚：发亮（如果近于柠檬黄），兴奋；墙面：暖（如果近于橙色），如果彩度高引起不舒服；地面：上升、有趣的。因黄色的高度可见度，常用于有安全需要之处，黄比白更亮，常用于光线暗淡的空间。

⑥绿色顶棚：保险的，但反射在皮肤上不美；墙面：冷、安静的、可靠的，如果是眩光（绿色电光）会引起不舒服；地面：自然的（在某饱和点上），

柔软、轻松、冷（如近于蓝）。绿色与蓝绿色系，为沉思和要求高度集中注意的工作提供了一个良好的环境。

⑦蓝色顶棚：如天空，冷、重和沉闷（如为暗色）；墙面：冷和远（如为浅蓝），促进加深空间（如果为暗色）；地面：引起容易运动的感觉（如为浅蓝），结实（如为暗色）。蓝色趋向于冷、荒凉和悲凉。淡浅蓝色由于受人眼晶体强力的折射，如果用于大面积会使环境中的目的物和细部变模糊、弯曲。

⑧紫色顶棚：除了非主要的面积，很少用于室内，在大空间里，紫色扰乱眼睛的焦点，在心理上表现为不安和抑制。

⑨灰色顶棚：暗的；墙面：令人讨厌的中性色调；地面：中性的。像所有中性色彩一样，灰色没有多少精神治疗作用。

⑩白色顶棚：空虚的（有助于扩散光源和减少阴影）；墙面：空，枯燥无味，没有活力；地面：似乎告诉人们，禁止接触（不要在上面走）。白色过去一直被认为是理想的背景，然而却缺乏考虑其在装饰项目中的主要性质和环境印象，并且白色和高彩度装饰效果的对比，需要从极端的亮至暗的适应变化，会引起眼睛疲倦。此外，低彩度色彩与白色相布置看来很乏味和平淡，白色对老年人和恢复中的病人都是一种悲惨的色彩。因此，从生理和心理的角度看，不用白色或灰色作为在大多数环境中的支配色彩，是有一定道理的。但白色确实能容纳各种色彩，作为理想背景也是无可非议的，应结合具体环境和室内性质，扬长避短，巧于运用，以达到理想的效果。

⑪黑色顶棚：空虚沉闷得难以忍受；墙面：不祥的，像地牢；地面：奇特的，难于理解的。运用黑色要注意面积一般不宜太大，如某些天然的黑色花岗石、大理石，是一种稳重的高档材料，作为背景或局部地方的处理，如使用得当，能起到其他色彩无法代替的效果。

（2）装修色彩。如门、窗、通风孔、墙裙、壁柜等，它们常和背景色彩有紧密的联系。

（3）家具色彩。各类不同品种、规格、形式、材料的家具，如橱柜、梳妆台、床、桌、椅、沙发等，它们是室内陈设的主体，是表现室内风格、个性的重要因素，它们和背景色彩有着密切关系，常成为控制室内总体效果的主体色彩。

（4）织物色彩。包括窗帘、帷幔、床罩、台布、地毯、沙发、座椅等蒙面织物。室内织物的材料、质感、色彩、图案五光十色，千姿百态，和人的关系更为密切，在室内色彩中起着举足轻重的作用，如不注意可能成为干扰因素。织物也可用于背景和重点装饰。

（5）陈设色彩。灯具、博古架、电视机、电冰箱、日用器皿、工艺品、绘画雕塑，它们体积虽小，常可起到画龙点睛的作用，不可忽视。在室内色彩中，常作为重点色彩或点缀色彩。

（6）绿化色彩。盆景、花篮、吊篮、插花、不同花卉、植物，有不同的姿态色彩、情调和含义，和其他色彩容易协调，它对丰富空间环境，创造空间意境，加强生活气息，软化空间肌体，有着特殊的作用。

根据上述的分类，常把室内色彩概括为三大部分：

1．作为大面积的色彩，对其他室内物件起衬托作用的背景色；

2．在背景色的衬托下，以在室内占有统治地位的家具为主体色；

3．作为室内重点装饰和点缀的面积小却非常突出的重点色或称强调色。

以什么为背景、主体和重点，是色彩设计首先应考虑的问题。同时，不同色彩物体之间的相互关系形成了多层次的背景关系，如沙发以墙面为背景，沙发上的靠垫又以沙发为背景，这样，对靠垫来说，墙面是大背景，沙发是小背景或称第二背景。

另外，在许多设计中，如墙面、地面，也不一定只是一种色彩，可能会交叉使用多种色彩，图形色和背景色也会相互转化，必须予以重视。

色彩的统一与变化，是色彩构图的基本原则。为达到此目的而做的选择和决定，应着重考虑以下问题：

（1）主调。室内色彩应有主调或基调，冷暖、性格、气氛都通过主调来体现。对于规模较大的建筑，主调更应贯穿整个建筑空间，在此基础上再考虑局部的、不同部位的适当变化。主调的选择是一个决定性的步骤，因此必须和要求反应空间的主题十分贴切，即希望通过色彩达到怎样的感受，是典雅还是华丽，安静还是活跃，纯朴还是奢华。用色彩语言来表达不是那么容易，要在许多色彩方案中，认真仔细地去鉴别和挑选。北京香山饭店为了表达如江南民居朴素、雅静的意境，和优美的环境相协调，在色彩上采用了接近无彩色的体系为主题，不论墙面、顶棚、地面、家具、陈设，都贯彻了这个色彩主调，从而给人统一的、完整的、深刻的、难忘的、有强烈感染力的印象。主调一经确定为无彩系，设计者绝对不应再迷恋于市场上五彩缤纷的各种织物、用品、家具，而是要大胆地将黑、白、灰这种色彩用到平常不常用该色调的物件上去。这就要求设计者摆脱世俗的偏见和陈规，所谓“创造”也就体现在这里。

（2）大部位色彩的统一协调。主调确定以后，就应考虑色彩的施色部位及其比例分配。作为主色调，一般应占有较大比例，而次色调作为与主调相协调（或对比）色，只占小的比例。

上述室内色彩的三大部分的分类，在室内色彩设计时，决不能作为考虑色彩关系的唯一依据。分类可以简化色彩关系，但不能代替色彩构思，因为，作为大面积的界面，在某种情况下，也可能作为室内色彩重点表现对象，例如，在室内家具较少时或周边布置家具的地面，常成为视觉的焦点，而予以重点装饰，因此，可以根据设计构思，采取不同的色彩层次或缩小层次的变化。选择和确定图底关系，突出视觉中心，例如：用统一顶棚、地面色彩来突出墙面和家具；用统一墙面、地面来突出顶棚、家具；用统一顶棚、墙面来突出地面、家具；用统一顶棚、地面、墙面来突出家具。

这里应注意的是如果家具和周围墙面较远，如大厅中岛式布置方式，那么家具和地面可看作是相互衬托的层次。这两个层次可用对比方法来加强区别变化，也可用统一办法来削弱变化或各自结为一体。

在作大部位色彩协调时，有时可以仅突出一两件陈设，即用统一顶棚、地面、墙面、家具来突出陈设，如墙上的画、书橱上的书、桌上的摆设、座位上的靠垫以及灯具、花卉等。由于室内各物件使用的材料不同，即使色彩一致，材料质地的区别还是显得十分丰富，这也可算作室内色彩构图中难得具有的色彩丰富性和变化性的有利因素。因此，无论色彩简化到何种程度也决不会单调。

色彩的统一，还可以采取选用材料的限定来获得，例如：可以用大面积木质地面、墙面、顶棚、家具等，也可以用色、质一致的蒙面织物来用于墙面、窗帘、家具等方面。某些设备，如花卉盛具和某些陈设品，还可以采用套装的办法，来获得材料的统一。

（3）加强色彩的魅力。背景色、主体色、强调色三者之间的色彩关系绝不是孤立的、固定的，如果机械地理解和处理，必然千篇一律，变得单调。换句话说，既要有明确的图底关系、层次关系和视觉中心，但又不刻板、僵化，才能达到丰富多彩。这就需要用下列三个办法：

①色彩的重复或呼应。即将同一色彩用到关键性的几个部位上去，从而使其成为控制整个室内的关键色，例如：用相同色彩于家具、窗帘、地毯，使其他色彩居于次要的、不明显的地位。同时，也能使色彩之间相互联系，形成一个多样统一的整体，色彩上形成彼此呼应的关系，才能取得视觉上的联系和唤起视觉的运动，例如：白色的墙面衬托出红色的沙发，而红色的沙发又衬托出白色的靠垫，这种在色彩上图底的互换性，既是简化色彩的手段，也是活跃图底色彩关系的一种方法。

②布置成有节奏的连续。色彩的有规律布置，容易引导视觉上的运动，或称色彩的韵律感。色彩韵律感不一定用于大面积，也可用于位置接近的物体上。

当在一组沙发、一块地毯、一个靠垫、一幅画或一簇花上都有相同的色块，从而使室内空间物与物之间的关系，像“一家人”一样，显得更有内聚力。

③用强烈对比。色彩由于相互对比而得到加强，一经发现室内存在对比色，也就是其他色彩退居次要地位，视觉很快集中于对比色。通过对比，各自的色彩更加鲜明，从而加强了色彩的表现力。提到色彩对比，不要以为只有红与绿、黄与紫等，色相上的对比，实际上采用明度的对比、彩度的对比、清色与浊色对比、彩色与非彩色对比，常比用色相对比还多一些。整个室内色彩构图在具体进行样板试验或作草图的时候，应该多次进行观察比较，即希望把哪些色彩再加强一些，或哪些色彩再减弱一些，来获得色彩构图的最佳效果。不论采取何种加强色彩的力量和方法，其目的都是达到室内的统一和协调，加强色彩的魅力。

室内的趣味中心或室内的重点，常常是构图中需要考虑的，它可以是一组家具、一幅壁画、床头靠垫的布置或其他形式，可以通过色彩来加强它的表现力和吸引力，但加强重点，不能造成色彩的孤立。

总之，解决色彩之间的相互关系，是色彩构图的中心。室内色彩可以划分成许多层次，色彩关系随着层次的增加而复杂，随着层次的减少而简化，不同层次之间的关系可以分别考虑为背景色和重点色（用通俗话说，就是衬色和显示色）。背景色常作为大面积的色彩宜用灰调，重点色常作为小面积的色彩，在彩度、明度上比背景色要高。在色调统一的基础上可以采用加强色彩力量的办法，即重复、韵律和对比强调室内某一部分的色彩效果。室内的趣味中心或视觉焦点、重点，同样可以通过色彩的对比等方法来加强它的效果。通过色彩的重复、呼应、联系，可以加强色彩的韵律感和丰富感，使室内色彩达到多样统一，统一中有变化，不单调、不杂乱，色彩之间有主有从有中心，形成一个完整和谐的整体。

第三章　室内设计的采光与照明

第一节　基本概念与控制要求

就人的视觉来说，没有光就没有一切。在室内设计中，光不仅是为满足人们视觉功能的需要，而且是一个重要的美学因素。光可以形成空间、改变空间或者破坏空间，它直接影响人对物体大小、形状、质地和色彩的感知。近几年来的研究证明，光还影响细胞的再生长、激素的产生、腺体的分泌，以及体温、身体的活动和食物的消耗等的生理节奏。因此，室内的采光与照明是室内设计的重要组成部分之一，在设计之初就应该加以考虑。

一、光的特性与视觉效应

光像人们已知的电磁能一样，是一种能的特殊形式，是具有波状运动的电磁辐射的巨大的连续统一体中很狭小的一部分。这种射线按其波长是可以度量的，它规定的度量单位是纳米（nm），即10^{-9}m。电磁波在空间穿行有相同的速率，电磁波波长有很大的不同，同时有相应的频率，波长和频率成反比。人们谈到光，经常以波长做参考，辐射波在它们所含的总的能量上，也是各不相同的，辐射波的力量（它们的工作等级）与其振幅有关。一个波的振幅是它的高或深，以其平均点来度量，像海里的波升到最高峰就有最深谷，深的波比浅的波具有更大的力量。

二、照度、光色、亮度

（一）照度

人眼对不同波长的电磁波在相同的辐射量时，有不同的明暗感觉，人眼的这个视觉特性称为视觉度，并以光通量作为基准单位来衡量。光通量的单位为流明（lm），光源的发光效率的单位为流明/瓦特（lm/W）。

不同的日光源和电光源，发光效率如表3-1所示。

表3-1　不同日光源和电光源的发光效率（lm/W）

光　源	发光效率
太阳光（高度角为7.5°）	90
太阳光（高度角大于25°）	117
太阳光（建议的平均高度）	100
天空光（晴天）	150
天空光（平均）	125
综合自然光（天空光与太阳光的平均值）	115
白炽灯（150W）	16～40
荧光灯（40W CWX）	50～80
高压钠灯	40～140

光源在某一方向单位立体角内所发出的光通量叫作光源在该方向的发光强度，单位为坎德拉，被光照的某一面上其单位面积内所接收的光通量称为照度，其单位为勒克斯。

（二）光色

光色主要取决于光源的色温，并影响室内的气氛。色温低，感觉温暖；色温高，感觉凉爽。一般色温＜3300K为暖色，3300K＜色温＜5300K为中间色，色温>5300K为冷色。光源的色温应与照度相适应，即随着照度增加，色温也应相应提高。否则，在低色温、高照度下，会使人感到酷热；而在高色温，低照度下，会使人感到阴森的气氛。

设计者应联系光、目的物和空间的彼此关系，去判断其影响。光的强度能影响人对色彩的感觉，如红色的帘幕在强光下更鲜明，而弱光将使蓝色和绿色更突出。设计者应有意识地去利用不同色光的灯具，使之创造出所希望的照明效果，如点光源的白炽灯与中间色的高亮度荧光灯相配合。

（三）亮度

亮度作为一种主观的评价和感觉，和照度的概念不同，它是表示由被照面的单位面积所反射出来的光通量，也称发光度，因此与被照面的反射率有关，例如在同样的照度下，白纸看起来比黑纸要亮。有许多因素影响亮度的评价，诸如照度、表面特性、视觉、背景、注视的持续时间，甚至包括人眼的特性。

三、照明的控制

（一）眩光的控制

眩光与光源的亮度、人的视觉有关。由强光直射人眼而引起的直射眩光，应采取遮阳的办法，对人工光源，避免的办法是降低光源的亮度、移动光源位置和隐蔽光源。当光源处于眩光区之外，即在视平线45°之外，眩光就不严重，遮光灯罩可以隐蔽光源，避免眩光。遮挡角与保护角之和为90°，遮挡角的标准各国规定不一，一般为60°～70°，这样保护角为30°～20°。因反射光引起的反射眩光，决定于光源位置和工作面或注视面的相互位置。避免的办法是，将其相互位置调整到反射光在人的视觉工作区域之外。当决定了人的视点和工作面的位置后，就可以找出引起反射眩光的区域，在此区域内不应布置光源。

（二）亮度比的控制

控制整个室内的合理的亮度比例和照度分配，与灯具布置方式有关。

1．一般灯具布置方式

（1）整体照明：其特点是常采用匀称的镶嵌于顶棚上的固定照明，这种形式为照明提供了一个良好的水平面和在工作面上照度均匀一致，在光线经过的空间没有障碍，任何地方光线充足，便于任意布置家具，并适合于空调和照明相结合。但是耗电量大，在能源紧张的条件下是不经济的，否则就要将整个照度降低。

（2）局部照明：为了节约能源，在工作需要的地方才设置光源，并且可以提供开关和灯光减弱装备，使照明水平能适应不同变化的需要。但在暗的房间仅有单独的光源进行工作，容易引起紧张并损害眼睛。

（3）整体与局部混合照明：为了改善上述照明的缺点，将90%～95%的光用于工作照明，5%～10%的光用于环境照明。

（4）成角照明：是采用特别设计的反射罩，使光线射向主要方向的一种办法。这种照明是由于墙表面的照明和对表现装饰材料质感的需要而发展起来的。

2．照明地带分区

（1）顶棚地带：常用于一般照明或工作照明，由于顶棚所处位置的特殊性，对照明的艺术作用有重要的地位。

（2）周围地带：处于经常的视野范围内，照明应特别需要避免眩光。周围地带的亮度应大于顶棚地带，否则将造成视觉的混乱，而妨碍对空间的理解和对方向的识别，并妨碍对有吸引力的趣味中心的识别。

（3）使用地带：使用地带的工作照明是需要照度标准的，通常各国颁布了不同工作场所要求的最低照度标准。

上述三种地带的照明应保持微妙的平衡，一般认为使用地带的照明与顶棚和周围地带照明之比为2～3∶1或更少一些，视觉的变化才趋向于最小。

3．室内各部分最大允许亮度比：

（1）视力作业与附近工作面之比3∶1。

（2）视力作业与周围环境之比10∶1。

（3）光源与背景之比20∶1。

（4）视野范围内最大亮度比40∶1。

某照明实验室还对在办公室内整体照明和局部照明之间的比例做了调查，如桌上总照明度为1000lx，则整体照明大于50%为好，在35%～50%为尚好，少于35%则不好。

第二节　室内设计的采光部位与照明方式

一、采光部位与光源类型

（一）采光部位

利用自然采光，不仅可以节约能源，并且在视觉上更为习惯和舒适，在心理上能和自然接近、协调，可以看到室外景色，更能满足精神上的要求，如果按照精确的采光标准，日光完全可以在全年提供足够的室内照明。室内采光效果，主要取决于采光部位和采光口的面积大小和布置形式，一般分为侧光、高侧光和顶光三种形式。侧光可以选择良好的朝向、室外景观，使用维护也较方便，但当房间的进深增加时，采光效率很快降低，因此，常加高窗的高度或采用双向采光或转角采光来弥补这一缺点。顶光的照度分布均匀，影响室内照度的因素较少，但当上部有障碍物时，照度就急剧下降。此外，在管理、维修方面较为困难。

室内采光还受到室外周围环境和室内界面装饰处理的影响，如室外临近的建筑物，既可阻挡日光的射入，又可从墙面反射一部分日光进入室内。此外，窗面对室内说来，可视为一个面光源，它通过室内界面的反射，增加了室内的照度。由此可见，进入室内的日光（昼光）因素由下列三部分组成：

（1）直接天光。

（2）外部反射光（室外地面及相邻界面的反射）。

（3）室内反射光（由顶棚、墙面、地面的反射）。

日光（昼光）因素＝直接天光＋外部反射光＋室内反射光。此外，窗子的方位也影响室内的采光，当面向太阳时，室内所接收的光线要比其他方向的多。窗子采用的玻璃材料的透射系数不同，则室内的采光效果也不同。

自然采光一般采取遮阳措施，以避免阳光直射室内所产生的眩光和过热的不适感觉。温州湖滨饭店休息厅采用垂直百叶。昆明金龙饭店中庭天窗采用白色和浅黄色帷幔，使室内产生漫射光，光线柔和平静。但阳光对活跃室内气氛，创造空间立体感以及光影的对比效果，起着重要的作用。

（二）光源类型

光源类型可以分为自然光源和人工光源。我们在白天才能感到自然光，即昼光。昼光由直射地面的阳光（或称日光）和天空光（或称天光）组成。自然光源主要是日光，日光的光源是太阳，太阳连续发出的辐射能量相当于约6000K色温的黑色辐射体，但太阳的能量到达地球表面，经过了化学元素、水分、尘埃微粒的吸收和扩散。被大气层扩散后的太阳能能产生蓝天，或称天光，这个蓝天作为有效的日光光源，和大气层外的直接的阳光是不同的。当太阳高度角较低时，由于太阳光在大气中通过的路程长，太阳光谱分布中的短波成分相对减少得更为显著，故在朝、暮时，天空呈红色。当大气中的水蒸气和尘雾多，混浊度大时，天空亮度高并呈白色。

人工光源主要有白炽灯、荧光灯、高压放电灯和氖管灯。家庭和一般公共建筑所用的主要人工光源是白炽灯和荧光灯，高压放电灯由于其管理费用较少，近年使用率也有所增加，而氖管灯也有其优点和缺点。

1．白炽灯

从爱迪生时代起，白炽灯基本上保留其两金属支架间的一根灯丝，在气体或真空中发热而发光的构造。在白炽灯光源中发生的变化是通过增加玻璃罩、漫射罩以及反射板、透镜和滤光镜等去进一步控制光。

白炽灯可用不同的装潢和外罩制成，一些采用晶亮光滑的玻璃，另一些采用喷砂或酸蚀消光，或用硅石粉涂在灯泡内壁，使光更柔和。色彩涂层也运用于白炽灯，如珐琅质涂层、塑料涂层及其他油漆涂层。

另一种白炽灯为水晶灯或碘灯，它是一种卤钨灯，体积小、寿命长。卤钨灯的光线中都含有紫外线和红外线，因此受它长期照射的物体都会褪色或变质。最近日本研发了一种可把红外线阻隔、将紫外线吸收的单端定向卤钨灯，这种灯有一个分光镜，在可见光的前方，将红外线反射阻隔，使物体不受热伤害而变质。

白炽灯的优点：

（1）光源小、便宜。

（2）具有种类极多的灯罩形式，并配有轻便灯架、顶棚和墙上的安装用具及隐蔽装置。

（3）通用性大，彩色品种多。

（4）具有定向、散射、漫射等多种形式。

（5）能用于加强物体立体感。

（6）白炽灯的色光最接近于太阳色光。

白炽灯的缺点：

（1）其暖色和带黄色光，有时不一定受欢迎。日本制成能吸收波长为570～590nm黄色光的玻璃壳白炽灯，使色光比一般的白炽灯白得多。

（2）对所需电量来说，发出较低的光通量，产生的热为80%，光仅为20%，节能性能较差。美国推出一种新型节电冷光灯泡，在灯泡玻璃壳面镀有一层银膜，银膜上面又镀一层二氧化钛膜，这两层膜结合在一起，可把红外线反射回去加热钨丝，而只让可见光透过，因而可以大大节能。使用这种100W的节电冷光灯，只耗用相当于40W普通灯泡的电能。

（3）寿命相对较短（1000h）。

2．荧光灯

是一种低压放电灯，灯管内是荧光粉涂层，它能把紫外线转变为可见光，并有冷白色、暖白色、Deluxe冷白色、Deluxe暖白色和增强光等。颜色变化是由管内荧光粉涂层方式控制的。Deluxe暖白色最接近于白炽灯，Deluxe管放射更多的红色，荧光灯产生均匀的散射光，发光效率为白炽灯的1000倍，其寿命为白炽灯的10～15倍，因此荧光灯不仅节约电，而且可节省更换费用。

日本推出贴有告知更换时间膜的环形荧光灯。当荧光灯寿命要结束时，亮度逐渐减低而电力消耗增大，该灯根据膜的颜色，由黄变成无色，即确定为最佳更换时间。

日光灯一般分为三种形式，即快速起动、预热起动和立刻起动，这三种都为热阴极机械起动。快速起动和预热起动管在灯开后，短时发光；立刻起动管在开灯后立刻发光，但耗电稍多。由于日光灯管的寿命和使用起动频率有直接的关系，从长远的观点看，立刻起动管花费最多，快速起动管在电能使用上似乎最经济。在Deluxe灯和常规灯中，日光灯管都是通用的，Deluxe灯在色彩感觉上有优越性（它们放光更红），但约损失1/3的光。因此，从长远观点看是不经济的。

3. 高压放电灯

至今一直用于工业和街道照明，小型的在形状上和白炽灯相似，头有时稍大一点，内部充满汞蒸气、高压钠或各种蒸气的混合气体。它们能用化学混合物或在管内涂荧光粉涂层校正色彩到一定程度。高压水银灯冷时趋于蓝色，高压钠灯带黄色，多蒸气混合灯冷时带绿色。高压灯都要求有一个镇流器。高压灯产生很大的光量，发生很小的热，并且比日光灯寿命长50%，有些可达24 000h，所以最经济。

4. 氖管灯（霓虹灯）

多用于商业标志和艺术照明，近年来也用于其他一些建筑。霓虹灯的色彩变化是由管内的荧粉涂层和充满管内的各种混合气体决定的，且并非所有的管都是氖蒸气，氩和汞也都可用。霓虹灯和所有放电灯一样，必须有镇流器能控制的电压。霓虹灯是相当费电的，但很耐用。

不同类型的光源，具有不同色光和显色性能，对室内的气氛和物体的色彩产生不同的效果和影响，应按不同需要选择。

二、照明方式

对裸露的光源不加处理，既不能充分发挥光源的效能，也不能满足室内照明环境的需要，有时还可能引起眩光的危害。直射光、反射光、漫射光和透射光，在室内照明中具有不同用处。在一个房间内如果有过多的明亮点，不但互相干扰，而且造成能源的浪费；如果漫射光过多，也会由于缺乏对比而造成室内气氛平淡，甚至因其不能加强物体的空间体量而影响人对空间的错误判断。

因此，利用不同材料的光学特性，透明、不透明、半透明以及不同的表面质地制成各种各样的照明设备和照明装置，重新分配照度和亮度，根据不同的需要来改变光的发射方向和性能，是室内照明研究的主要问题。例如：利用光亮的镀银的反射罩作为定向照明，或用于雕塑、绘画等的聚光灯；利用经过酸蚀刻或喷砂处理成的毛玻璃或塑料灯罩，使其形成漫射光来增加室内柔和的光线等。

照明方式按灯具的散光方式分为：

1. 间接照明

将光源遮蔽而产生间接照明，把90%～100%的光射向顶棚、穹窿或其他表面，从这些表面再反射至室内。当间接照明紧靠顶棚，几乎可以达到无阴影，是最理想的整体照明。从顶棚和墙上端反射下来的间接光，会造成顶棚升高的错觉。但单独使用间接光，则会使室内平淡无趣。

上射照明是间接照明的另一种形式，筒形的上射灯可以用于多种场合，如房角地上、沙发的两端、沙发底部和植物背后等处。上射照明还能因对准一个雕塑或植物，在墙上或顶棚上形成有趣的影子。

2．半间接照明

半间接照明将60%～90%的光向顶棚或墙上部照射，把顶棚作为主要的反射光源，而将10%～40%的光直接照于工作面。从顶棚来的反射光，趋向于软化阴影和改善亮度比，由于光线直接向下，照明装置的亮度和顶棚亮度接近相等。具有漫射的半间接照明灯具，对阅读和学习更可取。

3．直接间接照明

直接间接照明装置，对地面和顶棚提供近于相同的照度，即均为40%～60%，而周围光线只有很少一点。这样就必然在直接眩光区的亮度是低的。这是一种同时具有内部和外部反射灯泡的装置，如某些台灯和落地灯能产生直接光间接光和漫射光。

4．漫射照明

这种照明装置，对所有方向的照明几乎都一样，为了控制眩光，漫射装置圈要大，灯的瓦数要低。

上述四种照明，为了避免顶棚过亮，下吊的照明装置的上沿至少低于顶棚30.5cm～46cm。

5．半直接照明

在半直接照明灯具装置中，有60%～90%的光向下直射到工作面上，而其余10%～40%的光则向上照射，由下射照明软化阴影的光百分比很少。

6．宽光束的直接照明

具有强烈的明暗对比，并可造成有趣生动的阴影，由于其光线直射于目的物，如不用反射灯泡，将产生强的眩光。鹅颈灯和导轨式照明属于这一类。

7．高集光束的下射直接照明

因高度集中的光束而形成光焦点，可用于突出光的效果和强调重点的作用，它可提供在墙上或其他垂直面上充足的照度，但应防止过高的亮度比。

第三节　室内照明的作用与艺术效果

当夜幕徐徐降临，就是万家灯火的世界，也是多数人在白天繁忙工作之后希望得到休息娱乐以消除疲劳的时刻，无论何处，都离不开人工照明，也都需要用人工照明的艺术魅力来充实和丰富生活的内容。无论是公共场所还是家庭，光的作用影响到每一个人，室内照明设计就是利用光的一切特性，去创造所需要光的环境，通过照明充分发挥其艺术作用。

一、创造气氛

光的亮度和色彩是决定气氛的主要因素。光的刺激能影响人的情绪，一般说来，亮的房间比暗的房间更为刺激，但是这种刺激必须和空间所应具有的气氛相适应。极度的光和噪声都是对环境的一种破坏。有关调查资料表明，荧屏和歌舞厅中不断闪烁的光线使体内维生素A遭到破坏，导致视力下降。同时，这种射线还能杀伤白细胞，使人体免疫机能下降。适度的愉悦的光能激发和鼓舞人心，而柔弱的光令人轻松而心旷神怡。光的亮度也会对人心理产生影响，有人认为私密性的谈话区照明可以将亮度减少到功能强度的1/5。光线弱和位置布置得较低的灯，使周围造成较暗的阴影，顶棚显得较低，使房间似乎更亲切。

室内的气氛也由于不同的光色而变化。许多餐厅、咖啡馆和娱乐场所，常常用加重暖色，如粉红色、浅紫色，使整个空间具有温暖、欢乐、活跃的气氛，暖色光使人的皮肤、面容显得更健康。由于光色的加强，光的相对亮度相应减弱，使空间感觉亲切。家庭的卧室也常常因采用暖色光而显得更加温暖和睦。但是冷色光也有许多用处，特别在夏季，青色、绿色的光就使人感觉凉爽。应根据不同气候、环境和建筑的性格要求来确定。强烈的多彩照明，如霓虹灯、各色聚光灯，可以把室内的气氛活跃起来，增加繁华热闹的节日气氛，现代家庭也常用一些红绿的装饰灯来点缀起居室、餐厅，以增加欢乐的气氛。不同色彩的透明或半透明材料，在增加室内光色上可以发挥很大的作用，在国外某些餐厅既无整体照明，也无桌上吊灯，只用柔弱的星星点点的烛光照明来渲染气氛。

由于色彩随着光源的变化而不同，许多色调在白天阳光照耀下，显得光彩夺目，但日暮以后，如果没有适当的照明，就可能变得暗淡无光。因此，心理学教授马克思·露西雅谈到利用照明时说："与其利用色彩来创造气氛，不如利用不同程度的照明，效果会更理想。"

二、加强空间感和立体感

空间的不同效果，可以通过光的作用充分表现出来。实验证明，室内空间的开敞性与光的亮度成正比，亮的房间感觉要大一点，暗的房间感觉要小一点，充满房间的无形的漫射光，也使空间有无限的感觉，而直接光能加强物体的阴影，光影相对比，能加强空间的立体感。

可以利用光的作用，来加强希望注意的地方，如趣味中心，也可以用来削弱不希望被注意的次要地方，从而进一步使空间得到完善和净化。许多商店为了突出新产品，在那里用亮度较高的重点照明，而相应地削弱次要的部位，获得良好的照明艺术效果。照明也可以使空间变得实和虚，许多台阶照明及家具的底部照明，使物体和地面“脱离”，形成悬浮的效果，而使空间显得空透、轻盈。

三、光影艺术与装饰照明

光和影本身就是一种特殊性质的艺术，当阳光透过树梢在地面洒下一片光斑，疏疏密密随风变幻，这种艺术魅力是难以用语言表达的。又如月光下的粉墙竹影和风雨中摇晃着的吊灯的影子，又是一番滋味。自然界的光影由太阳、月光来安排，而室内的光影艺术就要靠设计师来创造。光的形式可以从尖利的小针尖到漫无边际的无定形式，我们应该利用各种照明装置，在恰当的部位，以生动的光影效果来丰富室内的空间，既可以表现光为主，也可以表现影为主，还可以光影同时表现。如某餐厅采用两种不同光色的直接、间接照明，造成特殊的光影效果，结合室内造型处理灯具装饰，使室内效果大为改观。在墙面上的扇贝形照明，也可算作光影艺术之一。此外还有许多实例造成不同的光带、光圈、光环、光池。如某大公司团体办公室，运用重复的光圈，引导视线到华丽的挂毯上。光影艺术可以表现在顶棚、墙面、地面，如某会议室，采用与会议桌相对应的光环照明方式，也可以利用不同的虚实灯罩把光影洒到各处。光影的造型是千变万化的，主要是在恰当的部位，采用恰当形式表达出恰当的主题思想，来丰富空间的内涵，获得美好的艺术效果。

装饰照明是以照明自身的光色造型作为观赏对象，通常利用点光源通过彩色玻璃射在墙上，产生各种色彩形状。用不同光色在墙上构成光怪陆离的抽象“光画”，是光艺术的又一新领域。

四、照明的布置艺术和灯具造型艺术

光既可以是无形的，也可以是有形的，光源可隐藏，灯具却可暴露，有形、无形都是艺术。如某餐厅把光源隐蔽在靠墙座位背后，并利用螺旋形灯饰，造成特殊的光影效果和气氛。

大范围的照明，如顶棚、支架照明，常常以其独特的组织形式来吸引观众，如某商场以连续的带形照明，使空间更显舒展。某酒吧利用环形玻璃晶体吊饰，其造型与家具布置相对应，并结合绿化，使空间富丽堂皇。某练习室照明、通风与屋面支架相结合，富有现代风格。采取“团体操”表演方式来布置灯具，是十分雄伟和惹人注意的。它的关键不在个别灯管、灯泡本身，而在于组织和布置。最简单的荧光灯管和白炽小灯泡，经过精心组织，就能显现出千军万马的气魄和壮丽的景象。顶棚是表现布置照明艺术的最重要场所，因为它无所遮挡，稍一抬头就尽收眼底。因此，室内照明的重点常常选择在顶棚上，它像一张白纸，可以做出丰富多彩的艺术形式，而且常常结合建筑式样或结合柱子的部位来达到照明和建筑的统一和谐。

灯具造型一般以小巧、精美、雅致为主要创作方向，因为它离人较近，如常用于室内的立灯、台灯。如某旅馆休息室利用台灯布置，形成视觉中心。灯具造型，一般可分为支架和灯罩两大部分。有些灯具设计重点放在支架上，也有些把重点放在灯罩上，不管哪种方式，整体造型必须协调统一。现代灯具都强调几何形体构成，在基本的球体、立方体、圆柱体、角锥体的基础上加以改造，演变成千姿百态的形式，同样运用对比、韵律等构图原则，达到新韵、独特的效果。但是在选用灯具的时候一定要和整个室内一致、统一，决不能孤立地评定优劣。

由于灯具是一种可以经常更换的消耗品和装饰品，因此它的美学观近似日常日用品和服饰，具有流行性和变换性。由于它的构成简单，更利于创新和突破，但是市面上现有类型不多，这就要求照明设计者经常做出新的产品，不断变化和更新，才能满足群众的需求，这也是小型灯具创作的基本规律。

第四节　建筑照明

考虑室内照明的布置时，应首先考虑使光源布置和建筑结合起来，这不但有利于利用顶面结构和装饰顶棚之间的巨大空间，隐藏照明管线和设备，而且可使建筑照明成为整个室内装修的有机组成部分，达到室内空间完整统一的效果，它对于整体照明更为合适。通过建筑照明可以照亮大片的窗户、墙、顶棚或地面。荧光灯管适用于这些照明，因为它能提供一个连贯的发光带。白炽灯泡也可运用于此处，发挥同样的效果，但应避免不均匀的现象。

一、窗帘照明

将荧光灯管安置在窗帘盒背后，内漆白色以利反光，光源的一部分朝向顶棚，一部分向下照在窗帘或墙上，在窗帘顶和顶棚之间至少应有25.4cm空间，窗帘盒把设备和窗帘顶部隐藏起来。

二、花檐反光

用作整体照明，檐板设在墙和顶棚的交接处，至少应有15.24cm深度，荧光灯板布置在檐板之后，常采用较冷的荧光灯管，这样可以避免任何墙的变色。为使呈现最好的反射光，面板应涂以无光白色，花檐反光对引人注目的壁画、图画、墙面的质地是最有效的。在低顶棚的房间中，特别希望采用，因为它可以给人顶棚高度较高的印象。

三、凹槽口照明

这种槽形装置，通常靠近顶棚，使光向上照射，提供全部漫射光线，有时也称为环境照明。由于亮的漫射光使得起顶棚表面似乎有很远的感觉，使其能创造开敞的效果和平静的气氛，光线柔和。此外，从顶棚射来的反射光，可以缓和房间内直接光源的热集中辐射。

四、发光墙架

由墙上伸出的悬架，它布置的位置要比窗帘照明低，并和窗无必然的联系。

五、底面照明

任何建筑构件下部底面均可作为底面照明，某些构件下部空间为光源提供了一个遮蔽空间，这种照明方法常用于浴室、厨房、书架、镜子、壁龛和搁板。

六、龛孔（下射）照明

将光源隐蔽在凹处，这种照明方式包括提供集中照明的嵌板固定装置，可为圆的、方的或矩形的金属盒，安装在顶棚或墙内。

七、泛光照明

加强垂直墙面上照明的过程称为泛光照明，起到柔和质地和阴影的作用。

八、发光面板

发光面板可以用在墙上、地面、顶棚或某一个独立装饰单元上，它将光源隐蔽在半透明的板后。发光顶棚是常用的一种，广泛用于厨房、浴室或其他工作地域，为人们提供一个舒适的无眩光的照明。但是发光顶棚有时会使人感觉好像处于有云层的阴暗天空之下。自然界的云是令人愉快的，因为它们经常流动变化，提供视觉的兴趣。而发光顶棚则是静态的，因此易造成阴暗和抑郁。在教室、会议室或类似这些地方应小心采用，因为发光顶棚把眼睛引向下方，这样就易使人处于睡眠状态。另外，均匀的照度所提供的是较差的立体感视觉条件。

九、导轨照明

现代室内，也常用导轨照明，它包括一个凹槽或装在面上的电缆槽，灯支架就附在上面，布置在轨道内的圆棍可以自由地转动，轨道可以连接或分段处理，做成不同的形状。这种灯能用于强调或平化质地和色彩，主要决定于灯的所在位置和角度。要保持其效果最好，安装距离见表3-2。离墙远时，使光有较大的伸展，如欲加强墙面的光辉，应布置离墙15.24cm～20.32cm处，这样能创造视觉焦点和加强质感，常用于艺术照明。

表3-2　轨道灯的安装距离

顶棚高（m）	轨道灯离墙距离（cm）
2.29～2.74	61～91
2.74～3.35	91～122
3.35～3.96	122～152

十、环境照明

照明与家具陈设相结合，在办公系统中应用得最广泛，其光源布置与完整的家具和活动隔断结合在一起。家具的无光光洁度面层，具有良好的反射光质量，在满足工作照明的同时，适当增加环境照明的需要。家具照明也常用于卧室、图书馆的家具上。

第四章　室内设计的家具与陈设

第一节　家具设计的尺度与分类

一、人体工程学与家具设计

家具是为人使用的，是服务于人的，因此，家具设计包括它的尺度、形式及其布置方式，必须符合人体尺度及人体各部分的活动规律，以达到安全、舒适、方便的目的。

人体工程学对人和家具的关系，特别对在使用过程中家具对人体产生的生理、心理反应进行了科学的实验和测试，为家具设计提供了科学依据，并根据家具与人和物的关系对家具进行分类，把人的工作、学习、休息等生活行为分解成各种姿势模型，以此来研究家具设计，根据人的立位、座位的基准点来规范家具的基本尺度及家具间的相互关系。

良好的家具设计可以减轻人的劳动，提高工作效率，节约时间，维护人体正常姿态并获得身心健康。

二、家具设计的基准点和尺度的确定

人和家具、家具和家具（如桌和椅）之间的关系是相对的，并应以人的基本尺度（站、坐、卧不同状况）为准则来衡量这种关系，确定其科学性和准确性，并决定相关的家具尺寸。

人的立位基准点是以脚底地面作为设计零点标高，即脚底后跟点加鞋厚（一般为2cm）的位置。座位基准点是以坐骨结节点为准，卧位基准点是以髋关节转动点为准。

对于立位使用的家具（如柜）以及不设座椅的工作台等，应以立位基准点的位置计算。而对座位使用的家具（桌、椅等），过去确定桌椅的高度均以地面作为基准点，这种依据和人体尺度无关，实际上人在座位时，眼的高度、肘的位置、脚的状况，都应从坐骨结节点为准计算，而不能以无关的脚底的位

置为依据。因此：桌面高＝桌面至座面差＋座位基准点高。一般桌面至座面差为250cm～300cm；座位基准点高为390cm～410cm。所以，一般桌高在640cm（250cm＋390cm）～710cm（410cm＋300cm）这个范围内。

三、家具的分类与设计

室内家具可按其使用功能、制作材料、结构构造体系、组成方式以及艺术风格等方面来分类。

（一）按使用功能分类

即按家具与人体的关系和使用特点分为：（1）坐卧类。支持整个人体的椅、凳、沙发、卧具、躺椅、床等。（2）凭倚类。人体赖以进行操作的书桌、餐桌、柜台、作业台及几案等。（3）贮存类。作为存放物品用的壁橱、书架、搁板等。

（二）按制作材料分类

不同的材料有不同的性能，其构造和家具造型也各具特色，家具可以用单一材料制成，也可和其他材料结合使用，以发挥各自的优势。

1．木制家具。木材质轻，强度高，易于加工，而且其天然的纹理和色泽，具有很高的观赏价值和良好手感，使人感到十分亲切，是人们喜欢的理想家具材料。弯曲层积木和层压板加工工艺的发明，使木质家具进一步得到发展，形式更多样，更富有现代感，更便于和其他材料结合使用，常用的木材有柳桉、水曲柳、山毛榉、柚木、楠木、红木、花梨木等。

2．藤、竹家具。藤、竹材料和木材一样具有质轻、高强和质朴自然的特点，而且更富有弹性和韧性，适于编织，竹制家具又是理想的夏季消暑常用家具。藤、竹、木都有浓厚的乡土气息，在室内别具一格。常用的竹、藤有毛竹、淡竹、黄枯竹、紫竹、莉竹及广藤、土藤等。但各种天然材料均须按不同要求进行干燥、防腐、防蛀、漂白等加工处理后才能使用。

3．金属家具。19世纪中叶，西方曾风行铸铁家具，有些国家作为公园里的一种椅子形式，至今还在使用。后来逐渐被淘汰，代之以质轻高强的钢和各种金属材料，如不锈钢管、钢板、铝合金等。金属家具常用金属管材为骨架，用环氧涂层的电焊金属丝线作座面和靠背，但与人体接触部位（座面、靠背、扶手）常采用木、藤、竹、大麻纤维、皮革和高强人造纤维编织材料，更为舒适，在材质色泽上也能产生更强的对比效果。金属管外套软而富有弹性的氯丁橡胶管，可更耐磨以适用于公共场所。

4．塑料家具。一般采用玻璃纤维加强塑料，模具成型，具有质轻高强、色彩多样、光洁度高和造型简洁等特点。塑料家具常用金属做骨架，成为钢塑家具。

（三）按构造体系分类

1．框式家具。以框架为家具受力体系，再覆以各种面板，连接部位的构造以不同部位的材料而定。有榫接、铆接、承插接、胶接、吸盘等多种方式，并有固定、装拆之区别。框式家具有木框及金属框架等。

2．板式家具。以板式材料进行拼装和承受荷载，其连接方式也常以胶合或金属连接件等方法，视不同材料而定。板材可以用原木或各种人造板。板式家具平整简洁，造型新颖美观，运用很广。

3．注塑家具。采用硬质和发泡塑料，用模具浇筑成型的塑料家具，整体性强，是一种特殊的空间结构。目前，高分子合成材料品种繁多，性能不断改进，成本低，易于清洁和管理，在餐厅、车站、机场中广泛应用。

4．充气家具。充气家具的基本构造为聚氨基甲酸乙酯泡沫和密封气体，内部空气空腔，可以用调节阀调整到最理想的座位状态。

此外，国外还设计有袋状座椅。这种革新座椅的构思是在一个表面灵活的袋内，填聚苯乙烯颗粒，可成为任何形状。另外还有以玻璃纤维支撑的摇椅。

（四）按家具组成分类

1．单体家具。在组合配套家具产生以前，不同类型的家具，都是作为一个独立的工艺品来生产的，它们之间很少有必然的联系，用户可以按不同的需要和爱好单独选购。这种单独生产的家具不利于工业化大批生产，而且各家具之间在形式和尺度上不易配套、统一，因此，后来被配套家具和组合家具所代替。但是个别著名家具，如里特维尔德的红、黄、蓝三色椅等，现在仍有人乐意使用。

2．配套家具。卧室中的床、床头柜、衣橱等，常是因生活需要自然形成的相互密切联系的家具，因此，如果能在材料、款式、尺度、装饰等方面统一设计，就能取得十分和谐的效果。配套家具现已发展到各种领域，如旅馆客房中床、柜、桌椅、行李架等的配套，餐室中桌、椅的配套，客厅中沙发、茶几、装饰柜的配套，以及办公室家具的配套，等等。配套家具不等于只能有一种规格，由于使用要求和档次的不同，要求有不同的变化，从而产生了各种配套系列，使用户有更多的选择自由。

3．组合家具。组合家具是将家具分解为一两种基本单元，再拼接成不同形式，甚至不同的使用功能，如组合沙发，可以组成不同形状和布置形式，可以适应坐、卧等要求；又如组合柜，也可由一两种单元拼连成不同数量和形式的组合柜。组合家具有利于标准化和系列化，使生产加工简化、专业化。在此基础上，又产生了以零部件为单元的拼装式组合家具。单元生产达到了最小的程度，如拼装的条、板、基足以及连接零件。这样生产更专业化，组合更灵活，也便于运输。用户可以买回配套的零部件，按自己的需要，自由拼装。为了使家具尺寸和房间尺寸相协调，必须建立统一模数制。

此外，还有活动式的嵌入式家具、固定在建筑墙体内的固定式家具、一具多用的多功能家具、悬挂式家具等类型。

坐卧类家具支持整个人体重量，和人的身体接触最为密切。家具中最主要的是桌、椅、床和橱柜的设计，桌面高度小于下肢长度50mm时，体压较集中于坐骨骨节部位，等于下肢长度时，体压稍分散于整个臀部，这两种情况较适合于人体生理现象，因臀部能承受较大压力，同时也便于起坐。一般座椅高度小于380mm时难于站起来，特别对老年人更是如此。如椅面高度大于下肢长度50mm时，体压分散至大腿部分，使大腿内侧受压，引起脚趾皮肤温度下降、下腿肿胀等血液循环障碍现象，因此，像酒吧间的高凳，一般应考虑脚垫或脚靠。所以工作椅椅面高度以等于或小于下肢长度为宜，按我国中等人体地区女子端坐腓骨的高度为382mm，加鞋厚20mm，等于402mm，工作椅的椅面高度则以390～410mm为宜。

为使座椅能使人不致疲劳，必须具有5个完整的功能：骨盆的支持、水平座面、支持身体后抑时升起的靠背、支持大腿的曲面和光滑的前沿周边。

一般情况下，整个腰部的支持是在肩胛骨和骨盆之间，动态的坐姿，依靠持久的与靠背的接触。人体在采取座位时，躯干直立肌和腹部直立肌的作用最为显著，据肌电图测定凳高100～200mm时，此两种肌肉活动最弱，因此除体压分布因素外，依此观点，作为休息椅的沙发、躺椅的椅面高度应偏低，一般沙发高度以350mm为宜。其相应的靠背角度为100°，躺椅的椅面高度实际为200mm，其相应的靠背角度为110°。

椅面，常有平直硬椅面和曲线硬椅面，前者体压集中于坐骨骨节部位，而后者可稍分散于整个臀部。

座面深度小于33cm时，无法使大腿充分均匀地分担身体的重量，当座面深度大于41cm时，致使前沿碰到小腿时，会迫使坐者往前而脱离靠背，其身体由靠背往前滑动，造成不适或不良坐姿。

座面宽小于41cm至无法容纳整个臀部时，常因肌肉接触到座面边沿而受到压迫，并使接触部位所承受的单位压力增大而导致不适。休息椅座面，以座位基准点为水平线时，座面的向上倾角，一般工作椅上倾为3°～5°，沙发6°～13°，躺椅14°～23°。

座面前缘应有2.5cm～5cm的圆倒角，才能不使大腿肌肉受到压迫。在取坐位时，成人腰部曲线中心约在座面上方23cm～25cm处，大约和脊柱腰曲部位最突出的第三腰椎的高度一致。一般腰靠应略高于此，常取36.5cm～50.0cm（背长），以支持背部重量，腰靠本身的高度一般在15cm～23cm，宽度为33cm，过宽会妨碍手臂动作，腰靠一般为曲面形（半径约31cm～46cm的弧度），这样可与人的腰背部圆弧吻合。休息椅整个靠背高度比座部高出53cm～71cm，高度在33cm以内的靠背，可让肩部自由活动。

当靠背角度从垂直线算起，超过30°时的座椅应设头靠，头靠可以单独设置，或和靠背连成一体，头靠座度最小为25cm，头靠本身高度一般为13cm～15cm，并应由靠背面前倾5°～10°，以减轻颈部肌肉的紧张。

座面与靠背角度应适当，不能使臀部角度小于90°，而使骨盆内倾，将腰部拉直而造成肌肉紧张。靠背与座部一般在90°～100°之间，休息椅一般在100°～110°之间。椅背的支持点高度及角度的关系见表4-1。

表4-1　椅背支持点高度的关系

椅背支持点数	上体角度（°）	上部		下部	
		支持点高度（单位：cm）	支持面角度（单位：°）	支持点高度（单位：cm）	支持面角度（单位：°）
一个支持点	90	25	90		
	100	31	98		
	105	31	104		
	110	31	105		
两个支持点	100	40	95	19	100
	100	40	98	25	94
	100	31	105	19	94
	110	40	110	25	104
	110	40	104	19	105
	120	50	94	25	129

注：支持面角度——支持点处椅背表面与椅座平面的夹角。

扶手的作用是支持手臂的重量，同时也可以作为起坐的支撑点，最舒适的休息椅的扶手长度可与座部相同，甚至略长一点。扶手最小长度应为30cm，

21cm的短扶手可使椅子贴近桌子，方便前臂在桌子上有更大的活动范围，但最短应不小于15cm，以便支手肘。扶手宽度一般在6.5cm～9.0cm，扶手之间宽度为52cm～56cm。扶手高约在18cm～25cm左右。扶手边缘应光滑，有良好的触感。桌面高度的基准点，如前所述也应以座位基准点为标准进行计算。作为工作用椅，桌面高差应为250mm～300mm。作为休息之用时，其高差应为100mm～250mm。根据工作时的座位基准点为390mm～410mm，因此工作桌面高度应为390mm～410mm加250mm～300mm，即640mm～710mm。桌下腿部净空应为60cm为宜。

卧具的床面质量对人体脊柱线有不同的影响，以仰卧为例，硬床面，卧姿平直，接近于直立时的自然姿势，但脊柱线相当弯曲，腰椎突向上方。而弹性面，仰卧卧姿近乎V形，同人体直立时姿势相差较大，其脊柱线略向下移，但腰脊骨节的软骨部分向上张开，若取侧卧，又使人体形成V形的侧弯姿势而感到不适。因此，床面过硬过软均不合适，这就要求设计弹性床时对各部位弹力作不同的调整，或将弹力相同的床做成曲面形。

橱柜是用作储藏、陈设的主要家具，常见的有衣橱、书橱、文件柜、食品杂物等专用橱柜。现代的组合、装饰柜，常作为日常用品的储藏和展示，综合使用。橱柜有高低之分，或高低相结合，有平直式，也有台座式。高橱柜的高度一般在1.8m～2.2m左右，宽度一般在40cm～60cm左右。也有将橱柜设计成与顶棚高度一致，使室内空间更为整齐、清爽，高度可达2.5m左右，留出10cm左右作封板，顶至顶棚。常利用橱门翻板作为临时用桌，或利用柜子下部空间作为翻折床用。

橱柜款式丰富，造型多样，应在符合使用要求的基础上，着力于立面上水平、垂直方向的划分、虚实处理和材质、色彩的表现，使之具有良好的比例，并符合一定的模数。

第二节　室内设计中家具的作用

一、明确使用功能、识别空间性质

除了作为交通性的通道等空间外，绝大部分的室内空间（厅、室）在家具未布置前是难于付之使用和难于识别其功能性质的，更谈不上其功能的实际效率，因此，可以这样说，家具是空间实用性质的直接表达者，家具的组织和布置也是空间组织使用的直接体现，是对室内空间组织、使用的再创造。良好的家具设计和布置形式，能充分反映使用的目的、规格、等级、地位以及个人特性等，从而赋予空间一定的环境品格。

二、利用空间、组织空间

利用家具来分隔空间是室内设计中的一个主要内容，在许多设计中得到了广泛的利用，如在景观办公室中利用家具单元沙发等进行分隔和布置空间；在住户设计中，利用壁柜来分隔房间；在餐厅中利用桌椅来分隔用餐区和通道；在商场、营业厅利用货柜、货架、陈列柜来分划不同性质的营业区域等。因此，应该把室内空间分隔和家具结合起来考虑，在可能的条件下，通过家具分隔既可减少墙体的面积，减轻自重，提高空间使用率，在一定的条件下，还可以通过家具布置的灵活变化达到适应不同的功能要求的目的。此外，某些吊柜的设置具有分隔空间的因素，并对空间作了充分的利用，如开放式厨房，常利用餐桌及其上部的吊柜来分隔空间。室内交通组织的优劣，全赖于家具布置的得失，布置家具圈内的工作区，或休息谈话区，不宜有交通穿越，因此，家具布置应处理好与出入口的关系。

三、建立情调、创造氛围

由于家具在室内空间所占的比重较大，体量十分突出，因此家具就成为室内空间表现的重要角色。历来人们对家具除了注意其使用功能外，还利用各种艺术手段，通过家具的形象来表达某种思想和内涵。这在古代宫廷家具设计中可见一斑，那些家具已成为封建帝王权力的象征。

家具和建筑一样受到各种文艺思潮和流派的影响，从古至今，千姿百态，无奇不有。家具既是实用品，也是一种工艺美术品，这已为大家所共识。家具作为一门美学和家具艺术在我国目前还刚起步，还有待进一步发展和提高。家具应该是实用与艺术的结晶，不惜牺牲其使用功能，哗众取宠是不足取的。

从历史上看，对家具纹样的选择、构件的曲直变化、线条的刚柔运用、尺度大小的改变、造型的壮实或柔细、装饰的繁复或简练，除了其他因素外，主要是利用家具的语言，表达一种思想、一种风格、一种情调，造成一种氛围，以适应某种要求和目的，而现代社会流行的怀旧情调的仿古家具、回归自然的乡土家具、崇尚技术形式的抽象家具等，也反映了各种不同思想情绪和某种审美要求。

现代家具应在应用人体工程学的基础上，做到结构合理、构造简洁，充分利用和发挥材料本身性能和特色。根据不同场合、不同用途、不同性质的使用要求和建筑有机结合。发扬我国传统家具特色，创造具有时代感、民族感的现代家具，是我们努力的方向。

第三节　家具的选用和布置原则

一、家具布置与空间的关系

（一）合理的位置

室内空间的位置环境各不相同，在位置上有靠近出入口的地带、室内中心地带、沿墙地带或靠窗地带，以及室内后部地带等区别，各个位置的环境如采光效率、交通影响、室外景观各不相同。应结合使用要求，使不同家具的位置在室内各得其所，例如宾馆客房，床位一般布置在暗处，休息座位靠窗布置，在餐厅中常选择室外景观好的靠窗位置，客房套间把谈话、休息处布置在入口的部位，卧室在室内的后部，等等。

（二）方便使用、节约劳动

同一室内的家具在使用上都是相互联系的，如餐厅中餐桌、餐椅和食品柜，书房中书桌和书架，厨房中洗、切等设备与橱柜、冰箱等的关系，它们的相互关系是根据人在使用过程中达到方便、舒适、省时、省力的活动规律来确定的。

（三）丰富空间、改善空间

空间是否完善，只有当家具布置以后才能真实地体现出来，如果在未布置家具前，原来的空间会有过大、过小、过长、过狭等某种缺陷的感觉。但经过家具布置后，可能会因改变原来的面貌而恰到好处。因此，家具不但丰富了空间内涵，而且常是借以改善空间、弥补空间不足的一个重要因素，应根据家具的不同体量大小、高低，结合空间给予合理的、相适应的位置，对空间进行再创造，使空间在视觉上达到良好的效果。

（四）充分利用空间、重视使用价值

建筑设计中的一个重要的问题就是经济问题，这在市场经济中显得更为重要，因为地价、建筑造价是持续上升的，投资是巨大的，作为商品建筑，就要重

视它的使用价值。一个电影院能容纳多少观众，一个餐厅能安排多少餐桌，一个商店能布置多少营业柜台，这对经营者来说不是一个小问题。合理压缩非生产性面积，充分利用使用面积，减少或消灭不必要的浪费面积，对家具布置提出了相当严峻甚至苛刻的要求，应该把它看作是杜绝浪费、提倡节约的一件大事。当然也不能走向极端，走向唯经济论的错误方向。在重视社会效益、环境效益的基础上，精打细算，充分发挥单位面积的使用价值，无疑是十分重要的。特别对量大性建筑来说，如居住建筑，充分利用空间应该作为评判设计质量优劣的一个重要指标。

二、家具形式与数量的确定

现代家具的比例尺度应和室内净高、门窗、窗台线、墙裙密切配合，使家具和室内装修形成统一的有机整体。

家具的形式往往涉及室内风格的表现，而室内风格的表现，除界面装饰装修外，家具起着重要作用。室内的风格往往取决于室内功能需要和个人的爱好和情趣。历史上比较成熟有名的家具，往往代表着那一时代的一种风格而流传至今。同时由于旅游业的发展，各国交往频繁，为满足不同需要，反映各国乃至各民族的特点，以表现不同民族和地方的特色，而采取相应的风格表现。因此，除现代风格以外，常采用各国各民族的传统风格和不同历史时期的古典或古代风格。

家具的数量决定于不同性质的空间的使用要求和空间的面积大小。除了影剧院、体育馆等群众集合场所家具相对密集外，一般家具面积不宜占室内总面积过大，要考虑容纳人数和活动要求以及舒适的空间感，特别是活动量大的房间，如客厅、起居室、餐厅等，更宜留出较多的空间。小面积的空间，应满足最基本的使用要求，或采取多功能家具、悬挂式家具以留出足够的活动空间。

三、家具布置的基本方法

应结合空间的性质和特点，确立合理的家具类型和数量，根据家具的单一性或多样性，明确家具布置范围，达到功能分区合理。组织好空间活动和交通路线，使动、静区分明，分清主体家具和从属家具，使其相互配合，主次分明。安排组织好空间的形式、形状和家具的组、团、排的方式，达到整体和谐的效果。在此基础上进一步从布置格局、风格等方面考虑，从空间形象和空间景观出发，使家具布置具有规律性、秩序性、韵律性和表现性，获得良好的视觉效果和心理效应。因为一旦家具设计并布置好后，人们就要去适应这个现实存在。

不论在家庭或公共场所，除了个人独处的情况外，大部分家具使用都处于人际交往和人际关系的活动之中，如家庭会客、办公交往、宴会欢聚、会议讨论、车船等候、逛商场或公共休息场所等。家具设计和布置，如座位布置的方位、间隔、距离、环境、光照，实际上往往是在规范着人与人之间各式各样的相互关系、等次关系、亲疏关系（如面对面、背靠背、面对背、面对侧），影响到安全感、私密感、领域感。形式问题影响心理问题，每个人既是观者又是被观者，人们都处于通常说的“人看人”的局面之中。

因此，当人们选择位置时必然对自己所处的地位做出考虑和选择，英国阿普勒登的“障望—庇护”理论认为，自古以来，人在自然中总是以猎人、猎物的双重身份出现，他（她）们既要寻找捕捉的猎物，又要防范别人的袭击。人类发展到现在，虽然不再是原始的猎人猎物了，但是，保持安全的自我防范本能、警惕性还是延续下来，在不安全的社会中更是如此，即使到了十分理想的文明社会，安全有了保障时，还有保护个人的私密性意识存在。因此，我们在设计布置家具的时候，特别在公共场所，应适合不同人们的心理需要，充分认识不同的家具设计和布置形式代表了不同的含义，比如，一般有对向式、背向式、离散式、内聚式、主从式等布局，它们所产生的心理作用是各不相同的。

1．从家具在空间中的位置可分为：

（1）周边式。家具沿四周墙布置，留出中间空间位置，空间相对集中，易于组织交通，为举行其他活动提供较大的面积，便于布置中心陈设。

（2）岛式。将家具布置在室内中心部位，留出周边空间，强调家具的中心地位，显示其重要性和独立性，周边的交通活动，保证了中心区不受干扰和影响。

（3）单边式。将家具集中在一侧，留出另一侧空间（常成为走道）。工作区和交通区截然分开，功能分区明确，干扰小，交通成为线形，当交通线布置在房间的短边时，交通面积最为节约。

（4）走道式。将家具布置在室内两侧，中间留出走道。节约交通面积，交通对两边都有干扰，一般客房活动人数少，都这样布置。

2．从家具布置与墙面的关系可分为：

（1）靠墙布置。充分利用墙面，使室内留出更多的空间。

（2）垂直于墙面布置。考虑采光方向与工作面的关系，起到分隔空间的作用。

（3）临空布置。用于较大的空间，形成空间中的空间。

3．从家具布置格局可分为：

（1）对称式。显得庄重、严肃、稳定而静穆，适合于隆重、正规的场合。

（2）非对称式。显得活泼、自由、流动而活跃，适合于轻松、非正规的场合。

（3）集中式。常适合于功能比较单一、家具品类不多、房间面积较小的场合，组成单一的家具组。

（4）分散式。常适合于功能多样、家具品类较多、房间面积较大的场合，组成若干家具组、团。

不论采取何种形式，均应有主有次，层次分明，聚散相宜。

第四节　室内陈设的作用与分类

室内陈设或称摆设，是继家具之后的又一室内重要内容。陈设品的范围非常广泛，内容极其丰富，形式也多种多样，随着时代的发展而不断变化，但是作为陈设的基本目的和深刻意义，始终是以其表达一定的思想内涵和精神文化方面为着眼点，并起着其他物质功能所无法代替的作用。它对室内空间形象的塑造、气氛的表达、环境的渲染起着锦上添花、画龙点睛的作用，也是具有完整的室内空间所必不可少的内容。同时也应指出，陈设品的展示也不是孤立的，必须和室内其他物件相互协调和配合，亲如一家。此外，陈设品在室内的比例毕竟是不大的，因此，为了发挥其应有的作用，陈设品必须具有视觉上的吸引力和心理上的感染力，也就是说，陈设品应该是一种既有观赏价值又能品味的艺术品。我国传统楹联是室内陈设品的典型代表。

我国历来十分重视室内空间所表现的精神力量，如宫殿的威严、寺庙的肃穆、居室的温馨、画堂庭榭的洒丽等。究其源，无不和室内陈设有关。至于节日庆典的张灯结彩、婚丧仪式的截然不同布置，更是源远流长，家喻户晓。室内陈设浸透着社会文化、地方特色、民族气质、个人素养等。

室内陈设一般分为纯艺术品和实用艺术品。纯艺术品只有观赏品味价值而无实用价值（这里所指的实用价值是物质性的），而实用工艺品，则既有实用价值又有观赏价值。两者各有所长，各有特点，不能代替，不宜类比。要将日用品转化成具有观赏价值的艺术品，必须进行艺术加工和处理，此非易事，因为不是任何一件日用品都可列入艺术品。而作为纯艺术品的创作也不简单，因为不是每幅画、每件雕塑都能获得成功。

常用的室内陈设：

1．字画。我国传统的字画陈设表现形式，有楹联、条幅、中堂、匾额以及具有分隔作用的屏风、纳凉用的扇面、祭祀用的祖宗画像等（可代替祠堂中的牌位）。所用的材料也丰富多样，有纸、锦帛、木刻、竹刻、石刻、贝雕、刺绣等。字画篆刻还有阴阳之分、漆色之别，十分讲究。书法中又有篆隶正草之别。画有泼墨工笔、黑白丹青之分，以及不同流派风格，可谓应有尽有。我国传统字画至今仍在各类厅堂、居室中广泛应用，并作为表达民族形式的重要手段。西洋画的传人以及其他绘画形式，丰富了绘画的品类和室内风格的表现。

字画是一种高雅艺术，也是广为普及和群众喜爱的陈设品，可谓装饰墙面的最佳选择。字画的选择存在内容、品类、风格以及画幅大小等因素，如现代派的抽象画和室内装饰的抽象风格十分协调。

2．摄影作品。摄影作品是一种纯艺术品。摄影和绘画不同之处在于摄影只能是写实的和逼真的。少数摄影作品经过特技拍摄和艺术加工，也有绘画效果，因此摄影作品的一般陈设和绘画基本相同，而巨幅摄影作品常作为室内扩大空间感的界面装饰，意义已有不同。摄影作品制成灯箱广告，这是不同于其他绘画的特点。

由于摄影能真实地反映当地当时所发生的情景，因此，某些重要的历史性事件和人物写照，常成为值得纪念的珍贵文物，既是摄影艺术品又是纪念品。

3．雕塑。瓷塑、铜塑、泥塑、竹雕、石雕、晶雕、木雕、玉雕、根雕等都是我国传统工艺品，题材广泛，内容丰富，巨细不等，流传于民间和宫廷，是常见的室内摆设。有些已是历史珍品，现代雕塑的形式更多，有石膏、合金等。

雕塑有玩赏性和偶像性（如人、神塑像）之分，它反映了个人情趣、爱好、审美观念、宗教意识和崇拜偶像等，它属三度空间，栩栩如生，其感染力常胜于绘画的力量。雕塑的表现还取决于光照、背景的衬托以及视觉方向。

4．盆景。盆景在我国有着悠久的历史，是植物观赏的集中代表，被称为有生命的绿色雕塑。盆景的种类和题材十分广泛，它像电影一样，既可表现特写镜头，如一棵树桩盆景，老根新芽，充分表现植物的刚健有力，苍老古朴，充满生机；又可表现壮阔的自然山河，如一盆浓缩的山水盆景，可表现崇山峻岭、湖光山色、亭台楼阁、小桥流水，千里江山，尽收眼底，可以得到神思卧游之乐。

5．工艺美术品、玩具。工艺美术品的种类和用材更为广泛，有竹、木、草、藤、石、泥、玻璃、塑料、陶瓷、金属、织物等。有些本来就是属于纯装饰性的物品，如挂毯之类。有些是将一般日用品进行艺术加工或变形而成，旨在发挥其装饰作用和提高欣赏价值，而不在实用，这类物品常有地方特色以及传统手艺。如不能用以买菜的小篮，不能坐的飞机，常称为玩具。

6. 个人收藏品和纪念品。个人的爱好既有共性，也有特殊性，家庭陈设的选择，往往以个人的爱好为转移，不少人有收藏各种物品的爱好，如邮票、钱币、字画、金石、钟表、古玩、书籍、乐器、兵器以及各式各样的纪念品，传世之宝，这里既有艺术品也有实用品。其收集领域之广阔，几乎无法予以规范。但正是这些反映不同爱好和个性的陈设，使不同家庭各具特色，极大地丰富了社会交往的内容和生活情趣。

此外，不同民族、国家、地区之间，在文化经济等方面反差是很大的，彼此都以奇异的眼光对待异国他乡的物品。我们常可以看到，西方现代厅室中，挂有东方的画帧、古装，甚至蓑衣、草鞋、草帽等。这些异常的陈设和室内其他物件的风格等没有什么联系，可称为猎奇陈设。

7. 日用装饰品。日用装饰品是指日常用品中，具有一定观赏价值的物品，它和工艺品的区别是，日用装饰品。主要还是在于其可用性。这些日用品的共同特点是造型美观、做工精细、品位高雅，在一定程度上，具有独立欣赏的价值。因此，不但不能藏起来，还要放在醒目的地方去展示它们，如餐具、烟酒茶用具、植物容器、电视音响设备、日用化妆品、古代兵器、灯具等。

8. 织物陈设。织物陈设，除少数作为纯艺术品外，如壁挂、挂毯等，大量作为日用品装饰，如窗帘、台布、桌布、床罩、靠垫、家具等蒙面材料。它的材质形色多样，具有吸声效果，使用灵活，便于更换，用处极为普遍。由于它在室内所占的面积比例很大，对室内效果影响极大，因此是一个不可忽视的重要陈设。

纺织品应根据三个方面来选择：

（1）纤维性质。天然织物有棉、麻、羊毛、丝。丝是所有自然织物中最雅致的，但经受不住直射阳光，价格也贵；羊毛织品特别适合作为家具的蒙面材料，并可编织成粗面或光面。丝和羊毛均有良好的触感，棉麻制品耐用、柔顺，常用作窗帘材料。人造织物有尼龙、涤纶、人造丝等品种，一般说来比较耐用，也常用作窗帘和床罩，但手感一般不很舒适。

（2）编织方式。有不同的结构组织，表现出不同的粗、细、厚、薄和纹理，对视觉效果和质感起到重要作用。

（3）图案形式。主要包括花纹样式和色彩（如具象和抽象）及其比例尺度、冷暖色彩效果等，它和室内空间形式和尺度有着密切的联系。

第五节　室内陈设的选择和布置原则

作为艺术欣赏对象的陈设品，随着社会文化水平的日益提高，它在室内所占的比重将逐渐扩大，在室内装饰所拥有的地位也将越来越重要。

现代技术的发展和人们审美水平的提高，为室内陈设创造了十分有利的条件。如果说室内必不可少的物件为家具、日用品、绿化和其他陈设品等，那么家具和绿化已被列为陈设范围，留下的只有日用品了。日用品所包括的内容最为庞杂，并根据不同房间使用性质而异，如书房中的书籍，客厅中的电视音响设备，餐厅中的餐饮具，等等。但实际上现代家具已承担了收纳各类杂物的作用，而且现代家具本身已经历千百年的锤炼，其艺术水平和装饰作用已远远超过一般日用品，因此，只要对室内日用品进行严格管理，遵循俗则藏之，美则露之的原则，现代室内则是艺术的殿堂，陈设之天地了。实际经验也告诉我们，只有摒弃一切非观赏性物件，室内陈设品才能引人注目。只有在简洁明净的室内空间环境中，陈设品的魅力才能充分地展示出来。

由此可见，按照上述原则，室内陈设品的选择和布置，主要是处理好陈设和家具之间的关系，陈设和陈设之间的关系，以及家具、陈设和空间界面之间的关系。由于家具在室内常占有重要位置和相当大的体量，因此，一般说来，陈设围绕家具布置已成为一条普遍规律。

室内陈设的选择和布置应考虑以下几点：

1．室内的陈设应与室内使用功能相一致

一幅画、一件雕塑、一副对联，它们的线条、色彩，不仅为了表现本身的题材，也应和空间场所相协调。只有这样才能反映不同的空间特色，形成独特的环境气氛，赋予深刻的文化内涵，而不流于华而不实、千篇一律的境地。如清华大学图书馆运用与建筑外形相同的手法处理的名人格言墙面装饰，增强了图书阅览空间的文化学术氛围，并显示了室内外的统一。重庆某学校教学楼门厅的木刻壁画——青春的旋律，反映了青年奋发向上朝气蓬勃的精神面貌。

2．室内陈设品的大小、形式应与室内空间家具尺度取得良好的比例关系

室内陈设品过大，常使空间显得小而拥挤，过小又可能产生室内空间过于空旷，局部的陈设也是如此，如沙发上的靠垫做得过大，使沙发显得很小，而过小则又如玩具一样很不相称。陈设品的形状、形式、线条更应与家具和室内装修取得密切的配合，运用多样统一的美学原则达到和谐的效果。

3．陈设品的色彩、材质也应与家具、装修统一考虑，形成一个协调的整体。在色彩上可以采取对比的方式以突出重点，或采取调和的方式，使家具和陈设之间、陈设和陈设之间，取得相互呼应、彼此联系的协调效果。色彩又能起到改变室内气氛、情调的作用，例如，以无彩系处理的室内色调，偏于冷淡，常利用一簇鲜艳的花卉，或一对暖色的灯具，使整个室内气氛活跃起来。

4．陈设品的布置应与家具布置方式紧密配合，形成统一的风格

良好的视觉效果，稳定的平衡关系，空间的对称或非对称，静态或动态，对称平衡或不对称平衡，风格和气氛的严肃、活泼、活跃、雅静等，除了其他因素外，布置方式也起到关键性的作用。

5．室内陈设的布置部位

（1）墙面陈设。墙面陈设一般以平面艺术为主，如书、画、摄影、浅浮雕等，或小型的立体饰物，如壁灯、弓、剑等，也常见将立体陈设品放在壁龛中，如花卉、雕塑等，并配以灯光照明，也可在墙面设置悬挑轻型搁架以存放陈设品。墙面上布置的陈设常和家具发生上下对应关系，可以是正规的，也可以是较为自由活泼的形式，可采取垂直或水平伸展的构图，组成完整的视觉效果。墙面和陈设品之间的大小和比例关系是十分重要的，留出相当的空白墙面，使视觉获得休息的机会。如果是占有整个墙面的壁画，则可视为起到背景装修艺术的作用了。

此外，某些特殊的陈设品，可利用玻璃窗面进行布置，如剪纸窗花以及小型绿化，以使植物能争取自然阳光的照射，也别具一格，如为窗口布置绿色植物，叶子透过阳光，产生半透明的黄绿色及不同深浅的效果。再如布置在窗口的一丛白色樱草花及一对木雕鸟，半透明的发亮的花和鸟的剪影形成对比。

（2）桌面陈设。桌面陈设有不同类型和情况，如办公桌、餐桌、茶几、会议桌以及略低于桌高的靠墙或沿窗布置的储藏柜和组合柜等。桌面摆设一般均选择小巧精致、宜于微观欣赏的材质制品，并可按时即兴灵活更换。桌面上的日用品常与家具配套购置，选用和桌面协调的形状、色彩和质地，常起到画龙点睛的作用，如会议室中的沙发、茶几、茶具、花盆等，须统一选购。

（3）落地陈设。大型的装饰品，如雕塑、瓷瓶、绿化等，落地布置常布置在大厅中央成为视觉的中心，最为引人注目，也可放置在厅室的角隅、墙边或出入口旁、走道尽端等位置，作为重点装饰，或起到视觉上的引导作用和对景作用。大型落地陈设不应妨碍工作和交通流线的通畅。

（4）橱柜陈设。数量大、品种多、形色多样的小陈设品，最宜采用分格分层的搁板、博古架，或特制的装饰柜架陈列展示，这样可以达到多而不繁、杂而不乱的效果。布置整齐的书橱书架，可以组成色彩丰富的抽象图案效果，起到很

好的装饰作用。壁式博古架，根据展品的特点，在色彩、质地上起到良好的衬托作用。

（5）悬挂陈设。空间高大的厅室，常采用悬挂各种装饰品，如织物、绿化、抽象金属雕塑、吊灯等，弥补空间空旷的不足，并有一定的吸声或扩散的效果，居室也常利用角隅悬挂灯具、绿化或其他装饰品，既不占面积又装饰了枯燥的墙边角隅。

第五章　室内绿化与室内庭园设计

第一节　室内绿化的作用

一、净化空气、调节温、湿度/室内小气候

植物经过光合作用可以吸收二氧化碳，释放氧气，而人在呼吸过程中，吸入氧气，呼出二氧化碳，光合作用使大气中氧和二氧化碳达到平衡。通过植物的叶子吸热和水分蒸发可降低气温，在夏季可以相对调节温度，绿化较好的室内其湿度比一般室内的湿度约高20%，植物有助于改善室内空间小气候的作用。此外，某些植物，如梧桐、棕榈、大叶黄杨等可吸收有害气体，有些植物的分泌物，如松、柏、樟桉、臭椿、庭荫树、行道树等具有杀灭细菌作用，从而能净化空气，减少空气中的含菌量，同时植物又能吸附大气中的尘埃，从而使空气得以净化。

二、组织空间、引导空间

利用绿化组织、引导室内空间表现在以下几个方面：

（一）分隔空间的作用

以绿化分隔空间的范围是十分广泛的，如在两厅室之间、厅室与走道之间，以及在某些大的厅室内需要分隔成小空间的，如办公室、餐厅、旅店大堂、展厅，此外在某些空间或场地的交界线，如室内外之间、室内地坪高差交界处等，都可用绿化进行分隔。某些有空间分隔作用的围栏，如柱廊之间的围栏、临水建筑的防护栏、多层围廊的围栏等，也均可以结合绿化加以分隔，如广州花园酒店快餐室，就是用绿化分隔空间的。

对于重要的部位，如正对出入口，起到屏风作用的绿化，还应作重点处理，分隔的方式大都采用地面分隔方式，如有条件，也可采用悬垂植物由上而下进行空间分隔。

（二）联系引导空间的作用

联系室内外的方法有很多，如通过铺地由室外延伸到室内，或利用墙面、顶棚或踏步的延伸，都可以起到联系的作用。但相比之下，都没有利用绿化更鲜明、更亲切、更自然、更惹人注目和喜爱。

许多宾馆常利用绿化的延伸联系室内外空间，起到过渡和渗透作用，通过连续的绿化布置，强化室内外空间的联系和统一。如珠海石景山庄入口，把室外草坪延伸至室内，再用盆栽连续布置引向大门进口。因此，大凡在架空的底层，入口门廊开敞的大门入口，常常可以看到绿化从室外一直延伸进来，它们不但加强了入口效果，而且这些被称为模糊空间或灰空间的地方最能吸引人们在此观赏、逗留或休息。

绿化在室内的连续布置，从一个空间延伸到另一个空间，特别在空间的转折、过渡、改变方向之处，更能发挥空间的整体效果。绿化布置的连续和延伸，如果有意识地强化其突出、醒目的效果，那么，通过视线的吸引，就起到了暗示和引导作用。方法一致，作用各异，在设计时应予以细心区别，如广州白天鹅宾馆在空间转折处布置绿化，从而起到空间引导的作用。

（三）突出空间的重点作用

在大门入口处、楼梯进出口处、转折处、走道尽端等处，既是交通的要害和关节点，也是空间中的起始点、转折点、中心点、终结点等的重要视觉中心位置，必须是引起人们注意的位置，因此，常放置特别醒目的、更富有装饰效果的，甚至名贵的植物或花卉，使起到强化空间、重点突出的作用。如上海绿苑宾馆总台设在二楼，在其入口处布置绿化加强入口；北京新大都饭店二层楼梯口和温州湖滨饭店大堂酒吧，均设置绿化，突出其重点作用和醒目的标志作用。

布置在空间中心或尽端靠墙位置的，也常成为厅室的趣味中心而加以特别装点。这里应说明的是，位于核心路线上的一切陈设，包括绿化在内，必须以不妨碍交通和紧急疏散时不会成为绊脚石为前提，并按空间大小形状选择相应的植物。如放在狭窄的过道边的则不宜选择低矮、枝叶向外扩展的植物，否则，既妨碍交通又会损伤植物，因此应选择与空间更为协调的修长的植物。

三、柔化空间、增添生气

树木花卉以其千姿百态的自然姿态、生机勃勃的生命，恰巧和冷漠、刻板的金属、玻璃制品及僵硬的建筑几何形体和线条形成强烈的对照。例如：乔木或灌木可以以其柔软的枝叶覆盖室内的大部分空间；蔓藤植物，以其修长的枝条，从这一墙面伸展至另一墙面，或由上而下吊垂在墙面、柜、橱、书架上，如一串串翡翠般的绿色枝叶装饰着，并改变了室内的空间形态；大片的宽叶植物，可以在墙隅、沙发一角，改变着家具设备的轮廓线，从而赋予人工的几何形体的室内空间一定的柔化和生气。这是其他任何室内装饰、陈设所不能代替的。

四、美化环境、陶冶情操

绿色植物，不论其形、色、质、味，或其枝干、花叶、果实，所显示出的蓬勃向上、充满生机的力量，总是引人奋发向上，热爱自然，热爱生活。植物生长的过程，是争取生存及与大自然搏斗的过程，其形态是自然形成的，没有任何掩饰和伪装。如不少生长于缺水少土的山岩、墙垣之间的植物，盘根错节，横延纵伸，充分显示其为生命斗争的无限生命力，在形式上是一幅抽象的天然图画，在内容上是一首生命赞美之歌。它的美是一种自然美，朴实无华，即使被人工剪裁，截枝斩干，仍然显示其自强不息、生命不止的顽强生命力。因此，树桩盆景之美与其说是一种造型美，倒不如说是一种生命之美。人们从中可以得到万般启迪，使人更加热爱生命，热爱自然，陶冶情操，净化心灵，和自然共呼吸。

五、抒发情怀、创造氛围

一定量的植物配置，使室内形成绿化空间，让人们置身于自然环境中，享受自然风光，不论工作、学习、休息，都能心旷神怡，悠然自得。如一对室内截梢树，伫立左右，中间是供白天休息的床位，使人感到无限舒适和愉快。同时，不同的植物种类有不同的枝叶花果和姿色，例如，一丛丛鲜红的桃花，一簇簇硕果累累的金橘，给室内带来欢乐的节日气氛；苍松翠柏，给人以坚强、庄重、典雅之感；遍置绿色植物和洁白纯净的兰花，使室内清香四溢，风雅宜人。此外，东西方对不同植物花卉均赋予一定象征和含义，如我国喻荷花为“出淤泥而不染，濯清涟而不妖”，象征高尚情操；喻竹为“未曾出土先有节，纵凌云霄也虚心”，象征高风亮节；称松、竹、梅为“岁寒三友”，梅、兰、竹、菊为“四君子”；喻牡丹为高贵；石榴为多子；登草为忘忧等。在西方，紫罗兰为忠实永恒；百合花为纯洁等。

植物在四季时光变化中形成典型的四时即景：春花，夏绿，秋叶，冬枝。一片柔和翠绿的林木，可以一夜间变成猩红金黄色彩；一片布满蒲公英的草地，一夜间可变成一片白色的海洋。时迁景换，此情此景，无法形容。因此，不少宾馆设立四季厅，利用植物季节变化，可使室内改变不同情调和气氛，使旅客也获得时令感和新鲜感。也可利用赏花时节，举行各种集会，为会议增添新的气氛，适应不同空间的使用目的。

第二节 室内绿植的布置方式

室内绿植的布置在不同的场所，如酒店宾馆的门厅、大堂、中庭、休息厅、会议室、办公室、餐厅以及住户的居室等，均有不同的要求，应根据不同的任务、目的和作用，采取不同的布置方式，随着空间位置的不同，绿植的作用和地位也随之变化，可分为：处于重要地位的中心位置，如大厅中心；处于较为主要的关键部位，如出入口处；处于一般的边角地带，如墙边、角隅。

应根据不同部位，选好相应的植物品色。室内绿化通常是利用室内剩余空间，或不影响交通的墙边、角隅，或用悬、吊、壁龛、壁架等方式充分利用空间，尽量少占室内使用面积。同时，某些攀缘、藤萝等植物又宜于垂悬以充分展现其风姿。因此，室内绿植的布置，应从平面和垂直两方面进行考虑，使形成立体的绿色环境。

一、重点装饰与边角点缀

把室内绿植作为主要陈设并成为视觉中心，以其形、色的特有魅力来吸引人们，是许多厅室常采用的一种布置方式，它可以布置在厅室的中央。如某休息室，在室中央布置了双茎龙血树、旱伞草等，通过桌面上光滑的反射镜面，形成倒影的特殊景观。如香港某旅店客厅，以绿植为室内主要陈设。也可以布置在室内主立面，如某些会场中、主席台的前后以及圆桌会议的中心、客厅中心，或设在走道尽端中央等，成为视觉焦点。

边角点缀的布置方式更为多样，如布置在客厅中沙发的转角处，靠近角隅的餐桌旁、楼梯背部，布置在楼梯或大门出入口一侧或两侧、走道边、柱角边等部位。这种方式是介于重点布置和边角布置之间的一种形态，其重要性次于重点装饰而高于边角布置。

二、结合家具、陈设等布置绿植

室内绿植除了单独落地布置外，还可与家具、陈设、灯具等室内物件结合布置，相得益彰，组成有机整体。如洛杉矶北山一家餐厅，结合吊灯布置绿植，把由白色郁金香、菊花和杂色常春藤组成的花丛，放在玻璃茶几下面，透过玻璃看到各种颜色，也可谓别出心裁。

三、组成背景、形成对比

绿植的另一作用，就是通过其独特的形色、质，不论是绿叶或鲜花，不论是铺地或是屏障，集中布置成大面积的背景。

四、垂直绿化

垂直绿化通常采用顶棚悬吊方式。如某居室的垂直绿化，在墙面支架或凸出花台放置绿植，或利用靠室内顶部设置吊柜、搁板布置绿植。如厨房和卫生间的绿化布置，可利用每层回廊栏板布置绿植等，这样可以充分利用空间，不占地面，并造成绿色立体环境，增加绿化的体量和氛围，并通过成片垂下的枝叶组成似隔非隔、虚无缥缈的美妙情景。

五、沿窗布置绿植

靠窗布置绿植，能使植物接受更多的日照，并形成室内绿色景观，还可以作成花槽或低台上置小型盆栽等方式。

第三节　室内植物选择

室内的植物选择是双向的，一方面对室内来说，是选择什么样的植物较为合适；另一方面对植物来说，应该有什么样的室内环境才能适合于生长。因此，在设计之初，就应该和其他功能一样，拟定出一个“绿色计划”。

大部分的室内植物，原产南美洲低纬度区、非洲南部和东亚的热带丛林地区，适应于温暖湿润的半荫蔽或荫蔽的环境下生长，部分植物生长于高原地区。

多数植物对抗寒和耐高温的性能比较差。当然，像适应于热带沙漠环境的仙人掌类植物，有极强的耐干旱性。

不同的植物品类，对光照、温湿度均有差别。清代陈淏子所著《花镜》一书，早已提出植物有“宜阴、宜阳、喜燥、喜湿、当瘠、当肥”之分。一般说来，生长适宜温度为15℃～34℃，理想生长温度为22℃～28℃，日间温度约29.4℃，夜间约15.5℃，对大多数植物最为合适。夏季室内温度不宜超过34℃，冬季不宜低于6℃。室内植物，特别是气生性的附生植物、蕨类等对空气的湿度要求更高。控制室内湿度是最困难的问题，一般采取在植物叶上喷水雾的办法来增加湿度，并应控制使其不致形成水滴滴在土上。喷雾时间最好是在早上和午前，因午后和晚间喷雾易使植物产生霉菌而生病。此外，也可以把植物花盆放在满铺卵石并盛满水的盘中，但不应使水接触花盆盆底。植物对光照的需要，要求低的光照，约为215lx～750lx，大多数要求在750lx～2150lx，即离窗有一定距离的照度。超过2150lx以上，则为高照度要求，要达到这个照度，则需把植物放在近窗或用荧光灯进行照明。一般说来，观花植物比观叶植物需要更多的光照。

植物要求有利于保水、保肥、排水和透气性好的土壤，并按不同品类，要求有一定的酸碱度。大多植物性喜微酸性或中性，因此常常用不同的土质，经灭菌后，混合配制，如沙土、泥土、沼泥、腐质土、泥炭土以及蛭石、珍珠岩等。植物在生长期及高温季节，应经常浇水，但应避免水分过多，使根部缺氧而停止生长，甚至枯萎。所有植物，均应周期性地使用大量的水去过滤出肥料中的盐碱成分，并选择不上釉的容器。花肥主要有氮（豆饼、菜籽饼的浸液），能促进枝叶茂盛；磷（鱼鳞、鱼肚肠、肉骨头等动物体杂碎加水发酵成黑色液汁），有促进花色鲜艳、果实肥大等作用；钾（草木灰），可促进根系健壮，茎干粗壮挺拔。春夏多施肥，秋季少施，冬季停施。

为了适应室内条件，应选择能忍受低光照、低湿度、耐高温的植物。一般说来，观花植物比观叶植物更需要细心照料。

根据上述情况，在室内选用植物时，应首先考虑如何更好地为室内植物创造良好的生长环境，如加强室内外空间联系，尽可能创造开敞和半开敞空间，提供更多的日照条件，采用多种自然采光方式，尽可能挖掘和开辟更多的地面或楼层的绿化种植面积，布置花园，增设阳台，选择在适当的墙面上悬置花槽，等等，创造具有绿色空间特色的建筑体系，并在此基础上，再从选择室内植物的目的、用途、意义等方面，考虑以下问题：

1. 给室内创造怎样的气氛和印象。不同的植物形态、色泽、造型等表现出不同的性格、情调和气氛，如庄重感、雄伟感、潇洒感、抒情感、华丽感、淡泊感、幽雅感，应和室内要求的气氛达到一致。现代室内为引人注目的宽叶植物提供了理想的背景，而古典传统的室内可以与小叶植物更好地结合。不同的植物形态和不同室内风格有着密切的联系。

2. 在空间的作用。如分隔空间，限定空间，引导空间，填补空间，创造趣味中心，强调或掩盖建筑局部空间，以及植物成长后的空间效果，等等。

3. 根据空间的大小，选择植物的尺度。一般把室内植物分为大、中、小三类：小型植物在0.3m以下；中型植物为0.3～1m；大型植物在1m以上。

植物的大小应和室内空间尺度以及家具获得良好的比例关系，小的植物并没有组成群体时，对大的开敞空间影响不大，而茂盛的乔木会使一般房间变小，但对高大的中庭又能增强其雄伟的风格，有些乔木也可抑制其生长速度或采取树桩盆景的方式，使其能适于室内观赏。

4. 植物的色彩是另一个需要考虑的问题。鲜艳美丽的花叶，可为室内增色不少，植物的色彩选择应和整个室内色彩取得协调。由于当下可选用的植物多种多样，对多种不同的叶形、色彩、大小应予以组织和简化，过多的对比会使室内显得凌乱。

5. 利用不占室内面积之处布置绿化。如利用柜架、壁龛、窗台、角隅、楼梯背部、外侧以及各种悬挂方式。

6. 与室外的联系。如面向室外花园的开敞空间，被选择的植物应与室外植物取得协调。植物的容器、室内地面材料应与室外取得一致，使室内空间有扩大感和整体感。

7. 养护问题。包括修剪、绑扎、浇水、施肥。对悬挂植物更应注意采取相应供水和排水的办法，避免冷气和穿堂风对植物的伤害，对观花植物予以更多的照顾。

8. 注意少数人对某种植物的过敏性问题。

9. 种植植物容器的选择，应按照花形选择其大小、质地，不宜突出花盆的釉彩，以免遮掩了植物本身的美。玻璃瓶养花，可利用化学烧瓶，简洁、大方、透明、耐用，适合于任何场所，并透过玻璃观赏到美丽的须根、卵石。

室内植物种类繁多，大小不一，形态各异。具体分类及特如下：

一、木本植物

1. 印度橡胶树。喜温湿，耐寒，叶密厚而有光泽，终年常绿，树型高大，

3℃以上可越冬，应置于室内明亮处。原产印度、马来西亚等地，现在我国南方已广泛栽培。

2．垂榕。喜温湿，枝条柔软，叶互生，革质，卵状椭圆形，丛生常绿。自然分枝多，盆栽成灌木状，对光照要求不严，常年置于室内也能生长，5℃以上可越冬。原产印度，我国已有引种。

3．蒲葵。常绿乔木，性喜温暖，耐阴，耐肥，干粗直，无分枝，叶硕大，呈扇形，叶前半部开裂，形似棕榈。我国广东、福建广泛栽培。

4．假槟榔。喜温湿，耐阴，有一定耐寒抗旱性，树体高大，干直无分枝，叶呈羽状复叶。在我国广东、海南、福建、台湾广泛栽培。

5．苏铁。名贵的盆栽观赏植物，喜温湿，耐阴，生长异常缓慢，茎高3m，株粗壮、挺拔，叶簇生茎顶，羽状复叶，寿命在200年以上。原产我国南方，现各地均有栽培。

6．诺福克南洋杉。喜阳，耐旱，主干挺秀，枝条水平伸展，呈轮生，塔式树形，叶秀繁茂，在室内宜放在靠近窗户的明亮处。原产澳大利亚。

7．三药槟榔。喜温湿，耐阴，从生型小乔木，无分枝，羽状复叶，植株4年可达1.5m～2.0m，最高可达6m以上。我国亚热带地区广泛栽培。

8．棕竹。耐阴，耐湿，耐旱，耐瘠，株丛挺拔翠秀。原产中国、日本，现我国南方广泛栽培。

9．金心香龙血树。喜温湿，干直，叶群生，呈披针形，绿色叶片，中央有金黄色宽纵条纹，宜置于室内明亮处，以保证叶色鲜艳，常截成树段种植，长根后上盆，独具风格。原产亚、非热带地区，5℃可越冬，我国已引种，普及。

10．银线龙血树。喜温湿，耐阴，株低矮，叶群生，呈披针形，绿色叶片上分布几条白色纵纹。

11．象脚丝兰。喜温，耐旱，耐阴，圆柱形干茎，叶密集于茎干上，叶绿色呈披针形，截段种植培养。原产墨西哥、危地马拉地区，我国近年才引种。

12．山茶花。喜温湿，耐寒，常绿乔木，叶质厚亮，花有红、白、紫或复色，是我国传统的名花，花叶俱美，备受人们喜爱。

13．鹅掌木。常绿灌木，耐阴，喜湿，多分枝，叶为掌状复叶，一般在室内光照下可正常生长。原产我国南部热带地区及日本等地。

14．棕榈。常绿乔木，极耐寒、耐阴，圆柱形树干，叶簇生于茎顶，掌状深裂达中下部，花小黄色，根系浅而须根发达，寿命长，耐烟尘，抗二氧化硫及氟的污染，有吸收有害气体的能力，室内摆设时间：冬季可1至2个月轮换一次，夏季半个月就需要轮换一次。棕榈在我国分布很广。

15．广玉兰。常绿乔木，喜光，喜温湿，半耐阴，叶长椭圆形，花白色，大而香，室内可放置1至2个月。

16．海棠。落叶小乔木，喜阳，抗干旱，耐寒，叶互生，花簇生，花红色转粉红，品种有贴梗海棠、垂丝海棠、西府海棠、木瓜海棠，为我国传统名花，可制作成桩景、盆花等观花效果，宜置室内光线充足、空气新鲜之处。我国广泛栽种。

17．桂花。常绿乔木，喜光，耐高温，叶有柄，对生，椭圆形，边缘有细锯齿，革质，深绿色，花黄白或淡黄，花香四溢，树性强健，树龄长。我国各地普遍种植。

18．栀子。常绿灌木，小乔木，喜光，喜温湿，不耐寒，吸硫，净化大气，叶对生或三枚轮生，花白香浓郁，宜置室内光线充足、空气新鲜处。我国中部、南部、长江流域均有栽种。

二、草本植物

1．龟背竹。多年生草本，喜温湿，半耐阴，耐寒，耐低温，叶宽厚，羽裂形，叶脉间有椭圆形孔洞，在室内一般采光条件下可正常生长。原产墨西哥等地，现在国内已很普及。

2．海芋。多年生草本，喜湿，耐阴，茎粗叶肥大，四季常绿。我国南方各地均有培植。

3．金皇后。多年生草本，耐阴，耐湿，耐旱，叶呈披针形，绿叶面上嵌有黄绿色斑点。原产于热带非洲及菲律宾等地。

4．银皇帝。多年生草本，耐湿，耐旱，耐阴，叶呈披针形，暗绿色叶面嵌有银灰色斑块。多分布在非洲热带地。

5．广东万年青。喜温湿，耐阴，叶卵圆形，暗绿色。原产我国广东等地。

6．白掌。多年生草本，观花观叶植物，喜湿，耐阴，叶柄长，叶色由白转绿，夏季抽出长茎，白色苞片，乳黄色花序。原产美洲热带地区，我国南方均有栽植。

7．火鹤花。喜温湿，叶暗绿色，红色单花顶生，叶丽花美。原产中、南美洲。

8．菠叶斑马。多年生草本观叶植物，喜光，耐旱，绿色叶上有灰白色横纹斑，中央呈环状贮水，花红色，花茎有分枝。原产亚马孙盆地和哥伦比亚。

9．金边五彩。多年生观叶植物，喜温，耐湿，耐旱，叶厚亮，绿叶中央镶白色条纹，开花时茎部逐渐泛红。

10．斑背剑花。喜光，耐旱，叶长，叶面呈暗绿色，叶背有紫黑色横条纹，花茎绿色，由中心直立，红色似剑。原产南美洲的圭亚那。

11．虎尾兰。多年生草本植物，喜温，耐旱，叶片多肉质，纵向卷曲成半筒状，黄色边缘上有暗绿横条纹似虎尾，称金边虎尾兰。原产美洲热带，我国各地普遍栽植。

12．文竹。多年生草本观叶植物，喜温湿，半耐阴，枝叶细柔，花白色，浆果球状，紫黑色。原产南非，现世界各地均有栽培。

13．蟆叶秋海棠。多年生草本观叶植物，喜温，耐湿，叶片茂密，有不同花纹图案。原产印度，我国已有栽培。

14．非洲紫罗兰。草本观花观叶植物，与紫罗兰特征完全不同，株矮小，叶卵圆形，花有红、紫、白等色。我国已有栽培。

15．白花吊竹草。草本悬垂植物，半耐阴，耐旱，茎半蔓性，叶肉质呈卵形，银白色，中央边缘为暗绿色，叶背紫色，开白花。原产墨西哥，我国近年已引种。

16．水竹草。草本观叶植物，植株匍匐，绿色叶片上布满黄白色纵向条纹，吊挂观赏。原产墨西哥。

17．兰花。多年生草本，喜温湿，耐寒，叶细长，花黄绿色，味清香，品种繁多。我国历史悠久的名花。

18．吊兰。常绿缩根草本，喜温湿，叶基生，宽线形，花茎细长，花白色。原产于南非。

19．水仙。多年生草本，喜温湿，半耐阴，秋种，冬长，春开花，花白色芳香。我国东南沿海地区及西南地区均有栽培。

20．春羽。多年常绿草本植物，喜温湿，耐阴，茎短，丛生，宽叶羽状分裂，在室内光线不过于微弱之地，均可盆养。原产巴西、巴拉圭等地。

三、藤本植物

1．大叶蔓绿绒。蔓性观叶植物，喜温湿，耐阴，叶柄紫红色，节上长气生根，叶戟形，质厚绿色，攀缘观赏。原产美洲热带地区。

2．黄金葛（绿萝）。蔓性观叶植物，耐阴，耐湿，耐旱，叶互生，长椭圆形，绿色上有黄斑，攀缘观赏。

3．薜荔。常绿攀缘植物，喜光，贴壁生长，生长快，分枝多。我国已广泛栽培。

4．绿串珠。蔓性观叶植物，喜温，耐阴，茎蔓柔软，绿色珠形叶，悬垂观赏。

四、肉质植物

1．彩云阁。多肉类观叶植物，喜温，耐旱，茎干直立，斑纹美丽，宜近窗设置。

2．长寿花。多年生肉质观花观叶植物，喜暖，耐旱，叶厚呈银灰色，花细密成簇形，花色有红、紫、黄等，花期甚长。原产马达加斯加，我国早有栽培。

3．仙人掌。多年生肉质植物，喜光，耐旱，品种繁多，茎节有圆柱形、多角形、鞭形、球形、长圆形、扇形、蟹叶形等，千姿百态，造型独特，茎叶艳丽，在植物中别具一格，培植养护都很容易。原产墨西哥、阿根廷、巴西等地，我国已有少数品种。

室内绿化时需要注意的是，一些品种的植物花卉具有毒性，不适合在室内种植，如秋水仙、珊瑚豆、变叶木、毛茛、闹羊花、曼陀罗等。

第四节　室内庭园

一、室内庭园的意义和作用

室内庭园是室内空间的重要组成部分，是室内绿化效果的集中表现，是室内景观室外化的具体实现，旨在使生活在楼宇中的人们获得接近自然、接触自然的机会，可享受自然的沐浴而不受外界气候变化的影响，这是现代文明的重要标志之一。开辟室内庭园虽然会占用一定的建筑面积，并要付出一定的管理、维护的代价，但从维护自然的生态平衡，保障人类的身心健康，改善生活环境质量等方面综合考虑，是十分值得提倡的。它的作用和意义不仅在于观赏价值，而是成为人们生活环境不可缺少的组成部分，尤其在当前，许多室内庭园常和休息、餐饮、娱乐、歌舞、时装表演等多种活动结合在一起，更为群众所乐于接受，因而也就充分发挥了庭园的使用价值，获得了一定的经济效益和社会效益，因此，室内庭园的发展有着广阔的前景。

二、室内庭园的类型和组织

从室内绿化发展到室内庭园，使室内环境的改善达到了一个新的高度，室内绿化规划应该和建筑规划设计同步进行，根据需要确定其规模标准、使用性质和适当的位置。

室内庭园类型可以从采光条件、服务范围、空间位置以及跟地面的关系进行分类。

（一）按采光条件分

1．自然采光：顶部采光（通过玻璃屋顶采光）；侧面采光（通过玻璃或开敞面采光）；顶、侧双面采光。

南向采光从上午8点至下午3点，属全日照区，东、西、北向采光，从下午2点至日落，属半日照区。

2．人工照明：一般通过盆栽方式定期更换。

（二）按位置和服务分

1．中心式庭园

庭园位于建筑中心地位，常为周围的厅室服务，甚至为整体建筑服务，如广州白天鹅宾馆中庭、北京香山饭店中庭等。

2．专为某厅室服务的庭园

许多大型厅室，常在室内开辟一个专供该室观赏的小型庭园，它的位置常结合室内家具布置、活动路线以及景观效果等进行选择和布置，可以在厅的一侧或厅的中央，这种庭园一般规模不大，类似我国传统民居中各种类型的小天井、小庭园，常利用建筑中的角隅、死角组景。它们的规模大小不一，形式多样，甚至可见缝插针式地安排于各厅室之中或厅室之侧。在传统住宅中，这样的庭园除观赏外，有时还能容纳一两人游憩其中，成为别有一番滋味的小天地。

我国传统院落式建筑的布置常是向纵深发展的，所谓“庭院深深深几许”，这样的居住环境，应该得到进一步发展。

结合庭园的位置常分为前庭、中庭、后庭和侧庭。由于植物有向阳性的特点，庭园的位置最好是布置在房屋的北面，这样，在观赏时，可以看到植物迎面而来，好像美丽的花叶在向人们招手和点头微笑。

（三）根据庭园与地面的关系分

1．落地式庭园（或称露地庭园），庭园位于底层。

2．屋顶式庭园（或称空中花园），庭园地面为楼面。

落地式庭园便于栽植大型乔木、灌木，及组织排水系统，一般常位于底层和门厅，与交通枢纽相结合。

高、多层建筑出现后，为使住户仍能享受到自然的沐浴，有和在地面上一样的感觉，庭园也随之上升，屋顶式庭园是庭园发展的必然趋势，如香港中国银行在70层屋顶上建造玻璃顶室内空间，大厅中间种植两株高达5m～6m的榧榕树，已成为游客必来观赏之地。这类庭园虽然在屋面构造、给排水、种植土等问题上要复杂一些，但在现代技术条件下，均能得到很好的解决。

为了减轻屋面荷载，常采用人工合成种植土。在日本混合土壤和轻骨料（蛭石、珍珠岩等）的体积比为3∶1，其表观密度约1400kg/m^3，厚度一般为15cm～150cm。在英国和美国，轻质人工混合种植土，主要成分为沙土、腐质土及人工轻质骨料，表观密度为1000kg/m^3～1600kg/m^3，厚度在15cm以上。我国长城饭店采用的合成人工种植土，其成分为：草灰土70%，蛭石20%，沙土10%，表观密度780kg/m^3，层厚30cm～105cm。

种植土层下应设过滤层，可用3cm厚的稻草或5cm厚的粗沙或玻璃纤维布。过滤层下为排水层，由10cm～20cm厚的轻质骨料组成。轻质骨料有：砾石，经过筛选成一定比例级配的焦渣颗粒，其表观密度为1000kg/m^{3}左右；陶粒，表观密度为600kg/m^3（仅为砾石的1/3）。排水层的作用是，既可排水又可储存多余的水分，并改善土壤的通气条件。因此在种植屋面还应设排水管道。

三、室内庭园的意境创造

我国园林和庭园有着悠久的光辉历程，其造诣之高，蕴意之深，早已蜚声中外，从古至今积累了丰富的理论和实践经验。

明代中叶以后，私家园林十分兴盛，除北京外，还遍布苏杭、松江嘉兴一带。明代扬州园林更盛极一时，计成著有《园冶》一书，书中强调造园“精而合宜”“巧而得体”，在《山》一篇中强调意境的构思“深意画图，余情丘壑；未山见麓，自然地势之鳞，构土成岗，不在石形之巧拙……”，明末文震亨所著《长物志》的水石篇载有“石令人古，水令人远，园林水石，最不可无，要需回环峭拔，安插得宜”。清代李渔的《笠翁一家言》全集对庭园设计也有精辟论述，并最早提到“石以透、漏、瘦者为最佳”。

造园内容，包括堆山叠石、理水、花卉、树木、植被和建筑小品等。室内庭园是园林中新兴的一个重要的特殊组成部分，是现代居住环境的发展和新的生活体现。应该在学习传统庭园经验的基础上加以创新。

室内庭园规模一般不会很大，因此更应从维护生态环境出发，以植物为主进行布置。造园内容可简可繁，规模可大可小，应结合具体情况，因地制宜进行设计。

庭园设计内容，主要是造景、组景，造景之前必先立意，而立意之关键在于庭园景观意境之创造。

关于意境之说，在我国艺术界、美学界早有诸多论述。在空间功能一节曾略提及。关于此问题，现再从审美角度简析如下：

1．意境之产生，离不开被欣赏的对象（如庭园景观）和欣赏者本人（如各阶层的人们），两者缺一不可。

2．同一物景，对不同的人或同一人在不同时间、不同情绪时，可能有不同的感受。所谓“感时花溅泪，恨别鸟惊心”。刘永济所说“物因情变”，即为此意，主客观本来就是辩证统一的，人的喜怒哀乐有同有异。

3．意境的创造是经过艺术家、建筑师、园林设计师的“神会心谋”（清代方薰）。抓住事物本质，以作者自己的观点进行创造，是对客观现实（自然景观）的提炼和升华，它既是自然景观，又不同于自然景观本身。正如齐白石所说的“在似与不似之间”，它包含了作者对客观现实的认知，是作者心灵的映像，是自然的人化。俗云“画如其人”“文如其人”“诗言志”等均为此意。山石、树木、花卉这些自然景物，自古至今在外形上的变化不大，但人的感情，对它们的观察理解，可以有很大的区别，从而使画家常画常新。庭园景观设计也不例外。因此，蕴含于个性的景物，是人的志向或情的物化。

4．意境的出现是在审美的过程之中，意境的存在是在物我之间，犹似强大的磁场一样相互吸引。使人迷恋、使人陶醉，进入最高的审美境界，即所谓情景交融、物我同一、形神合一。也可以说，意境是超越了主客观的审美关系的统一，而对漠不关心的人和没有感染力的景物之间，是不可能产生意境的。因此，没有对大自然的热爱，对植物生命力量的向往和崇拜，对自然景物的深入观察和细致品味，要创造出理想的庭园景观是不可能的。

同时，艺术家对自然景物的创作，从来不主张照相式的模仿和照搬照抄，东方庭园的自然风格，之所以有如此的魅力，全在于对自然景物的剪裁、加工和提炼。对自然的表现，不应局限于我们眼睛所看到的东西，还要表现它在我们心灵中的内在映像和眼睛里的映像。

从庭园的布局到树木花卉的形象的塑造，都需要在保持自然的基础上加以再创造。比如植物，不但对其枯枝败叶需要清除，对妨碍表达某种植物特有的姿势和神态的枝叶，也须按其自然惯势适当加以整理和裁剪，使其达到理想的审美效果。当然，这种整理、剪裁与西方把植物做成几何形的做法相比，其意义是完全不同的。

因此，没有敏锐的洞察力，没有对植物审美的素养和创造力，要想创造出理想的庭园景观也是不可能的。

庭园植物中有乔木、灌木、木本花卉、草本花卉以及多浆植物、攀缘藤本植物、地被植物等，在形、色、质、尺度等方面千差万别，千姿百态。应利用其高矮、粗细、曲直、色彩等因素，或孤植，或群栽，或点布，或排列，或露或藏，或隐或显，应使组景层次分明、高低有序，浓淡相宜、彼此呼应。一般应选择姿态优美、造型独特者。尺度高大者，宜孤植，供各方欣赏。而形态紊乱，枝叶稀疏者，宜丛植，形成绿色树丛，在开花时节又会形成一片色带，也可作为某种背景的衬托。色泽明暗对比强者，宜相互烘托。草本小花宜成片密植，组成不同色块，犹似地毯。一般山石上种植树木，宜使其逐步露根，与山石结合，盘根错节，取其苍老古朴之意。水边植树宜选枝丫横斜，叶条飘垂，临溪拂水者，取其轻盈柔顺之趣。谚云“书画重笔意，花木重姿态”，这是从整体上讲。对近观之植物，必须注意其花叶形状、色泽、纹样，宜于细细品味者为佳。

现代庭园，应因地制宜，随地取材，创新造景，符合现代情趣。山区庭园更应顺应地势，巧妙利用，以还自然之本色，存历史之遗貌，更能独树一帜，别具一格。

第六章　室内设计的低碳环保

第一节　室内设计低碳环保的概述

一、健康住宅的界定

居住的环境是否健康，直接影响居住者的身体健康状况。事实证明，人们的许多常见疾病，如头晕、易疲劳、肺病、腹泻、过敏、空调病、肥胖病等，都与居住条件密切相关。甚至严重危及生命的白血病、癌症等，也与房间内的有害气体、有毒物质过多有关系。

（一）世界卫生组织对健康住宅的界定

1．健康住宅的定义

世界卫生组织对健康做出了定义，所谓健康就是在身体上、精神上、社会上完全处于良好的状态，而不是单纯地指没有疾病或病弱。世界卫生组织对健康住宅的定义是，在符合住宅基本要求的基础上，突出健康要素，以人类居住健康的可持续发展为理念，满足居住者在生理、心理和社会多层次上的需求，为居住者营造健康、安全、舒适和环保的高品质住宅和社区。根据这个定义，我们可以把健康住宅直接释义为：一种体现在住宅内和住区的良好的居住环境，它不仅包括与居住相关联的物理量值，例如温度、湿度、通风换气、噪声、光和空气质量等，还包括居住者的主观性心理因素，如平面空间布局、视野景观、感官色彩、材料选择等，回归自然，关注健康、关注社会。避免因住宅而引发的疾病，营造健康环境，增进人际关系。

2．健康住宅的标准

健康住宅环境要做到一切从居住者出发，满足居住者生理和心理的各种环境需求，使居住者生活在健康、安全、舒适和环保的室内外居住环境中。具体来说，健康住宅环境的评估标准大体可以分成四个因素：

（1）人居环境的健康性。室内、室外影响人们健康、安全和舒适的因素。

（2）自然环境的亲和性。提倡自然，创造条件让人们接近自然、亲近自然。

（3）住区的环境保护。包括住区内视觉环境的保护，污水和污水处理，以及垃圾和垃圾处理、环境卫生等方面。

（4）健康环境的保障。主要是指针对居住者本身的健康保障，广泛包括了医疗保健体系、家政服务系统、公共健身设施、社区老人活动场所等软件、硬件建设。

（二）我国对健康住宅的界定

1．我国健康住宅的定义

（1）住宅套型面积较大，配置合理。有相对宽裕的起居、炊事、卫生、储存空间。

（2）平面布局设计合理，能够体现食寝分隔、居寝分离的原则，并为住房留有装修改造的余地。

（3）房间采光充足，通风较好，隔声效果和照明水平要高于国内基础标准1～2个等级。

（4）合理配置成套厨房设备，有较为良好的排烟、排油污条件，冰箱入厨。

（5）合理分隔卫生空间，便溺、洗浴、化妆不致相互干扰。

（6）管道集中，水、电、煤气三表出户，增加保安措施，配备电话、闭路电视、空调专用线路。

（7）设置斗门，方便居住者更衣换鞋；拓宽阳台，提供室外休息场所；合理设计房间内的过渡空间。

（8）住宅区环境舒适，治安防范和噪声综合治理得力，道路交通组织合理，社区服务设施配套齐全。

（9）垃圾处理袋装化，自行车就近入库，预留汽车停车位。

（10）社区内绿化良好，景色宜人，要能体现出节能、节地的特点，注意保护生态环境。

2．现代健康住宅的标准

（1）居室日照时间每天在2小时以上

太阳光可以杀灭空气中的微生物，提高机体的免疫力，专家认为，为了维护人体健康特别是青少年正常发育的需要，居室日照时间每天必须在2小时以上。

（2）采光

采光是指住宅内能够得到自然光线，一般窗户的有效采光面积和房屋面积之比应大于1∶15。

（3）室内净高不得低于2.8m

这个标准由“民用建筑设计定额”规定。对居住者而言，适宜的净高能给人以良好舒适的空间感，过低会使人感到压抑，影响居住者心情。而且，实验表明，当居室净高低于2.55m时，室内二氧化碳浓度容易聚集较高，对室内空气质量有明显的影响。

（4）微小气候

要使居室卫生保持良好的状况，一般要求冬天室温不低于12℃，夏天不高于30℃；室内相对湿度不大于65%；夏天风速不小于0.15m/s，冬天不大于0.3m/s。

（5）空气清洁度

是指在居室内空气中，某些有害气体、代谢物质、飘尘和细菌总数不得超过一定的含量，这些有害气体主要有二氧化碳、二氧化硫、氡气、甲醛、挥发性苯等。

除上述五条基本标准外，室内卫生标准还包括照明、隔离、防潮、防止射线等方面的要求。

二、践行低碳环保装修

（一）低碳装修的概念

低碳装修是以减少温室气体排放，低能耗、低污染为目标，注重装修全过程中的绿色环保设计，是减少家居生活的二氧化碳排放量的系统工程，也被称为绿色环保装修。

绿色环保装修是集绿色环保设计、选择绿色环保材料和使用环保工艺施工为一体的装修，体现在具体的指标上为室内空气中甲醛、苯类、氨气、氡和放射性等必须全部达到国家标准要求。也就是说，从设计、材料、施工等装修的各个流程进行规范，装修后空气质量达到国家规定的环保值或在国家规定的环保值以内。

1．绿色环保设计

人们对居室环境的身心感受有对视觉环境、听觉环境、触觉环境等的生理和心理上的感受。在钢筋水泥构建的都市中，人们感觉缺少人情，渴望温暖，渴望回归自然，渴望自由、舒适、健康的生活。进行居室设计时，绿色设计的理念受到了居住者普遍欢迎。居室设计是指在房型固定的客观条件下进行装修的全盘谋划，是实现装修目标的关键一环。在这一阶段把环保、生态要求作为设计考虑的基础，才能保证装修过程和装修结果实现绿色环保。进行绿色环保设计时，首先要注意空气流通，尽量使房间的各个角落都能进入新鲜空气，切忌在门窗附近设置隔断物，以免阻隔空气流通；对于厨房、卫生间等，要设计合理的排风设备进行强制换气。再就是采光、布灯、色彩等的搭配。最后是家具、装饰品等的组合。高明的设计师还会在最恰当的位置设计“室内庭园”，山水花竹尽可利用，营造出一种轻松、和谐、温馨的家庭氛围。

装修，牵涉到消费者、材料供应商、装修公司以及室内环境检测机构，解决家装环保问题，应该从装修的源头做起，不但要选择绿色环保的装修材料，还要选择正规可靠的家装公司制订正确合理的绿色家居设计方案，科学系统地管理装修用材，这样才能有效控制、减少装修带来的污染。

2．绿色饰材使用

绿色饰材指在生产制造和使用过程中，既不会损害人体健康，也不会导致环境污染和生态破坏的环保型、健康型、安全型的室内装饰材料。一般来说，装饰材料中用到的大部分无机材料如龙骨及配件、普通型材、地砖、玻璃等传统饰材都是安全和无害的，而有机材料中部分化学合成物，多为苯、酚、蒽、醛及其衍生物，具有很浓烈的刺激性气味，可能导致各种生理和心理疾病。如市场上很多刨花板、胶合板及复合地板使用了含有甲醛的黏合剂；油性多彩涂料中甲苯和二甲苯的含量竟占到20%～50%。这些物质在室内不断挥发，如果空气流通不畅，浓度就会不断增大，给人的健康造成严重损害，甚至会使人体产生各种疾病。

3．绿色环保施工

在室内装修的过程中，施工单位和业主要牢记现代绿色环保意识，时时考虑环境保护及对人体健康的影响，使居住者健康得到保障。

在家庭装饰装修和家居生活中要尽力做到低污染、低消耗、低排放，通过装饰装修工程创建安全、健康、环保和节能的家居环境。在我国推广低碳装饰装修的意义主要表现在以下三个方面：

（1）推广低碳发展模式，为节能减排、发展循环经济、构建和谐社会提供操作性的诠释，在室内装饰装修行业落实科学发展观，是对建设节约型社会的创新与实践。

（2）发展低碳经济是一次涉及人们生产生活方式和价值观念的全球性革命，低碳、节能、减排、健康的生活方式成为家居生活的时尚与潮流已是社会发展的必然。家装行业在低碳领域的创新研究既符合民生，又有助于减小环境压力，实现环境保护，是室内装饰行业发展的必然选择。

（3）家庭装饰装修工程是控制碳排放的重要环节，也是人们创造低碳生活的重要前提。一方面，人们可以在家庭装饰装修工程中进行低碳控制；另一方面，通过科学合理的室内装饰装修，也会为创造低污染、低排放和低消耗的家居生活创造条件。

（二）低碳装修的基本特征

1．设计更为合理

低碳装修应该着重考虑利用高科技手段模拟居住环境，以尽量减少能源消耗为目标。通过软件模拟优化室内外的微气候环境，可以统筹安排合理的总体布置，调整建筑朝向和各栋之间的位置、距离，使每栋建筑都拥有较好的日照和通风效果。

2．更节能节水

与其他的环保地产概念如“绿色地产”“可持续地产”等相比，低碳装修最为强调的是能耗带来的二氧化碳排放量问题。所以，低碳装修是通过房屋建材总量的减少与类别选择来减少二氧化碳排放，如木材与钢材相比，二氧化碳的产生就较少。水的节约利用也要考虑，如自来水生产、废水处理都会增加二氧化碳排放，所以提倡节约和循环用水。

（三）低碳装修需注意的环节

1．工程设计

设计是低碳装饰装修的基础，在设计中除了要注意美观外，更要注意绿色、环保、安全和节能。通过控制室内空间承载量，解决室内环境污染问题。

设计的节约是最大的节约，设计的浪费则是最大的浪费。把好设计关，是做好室内装饰工程节约低碳工作的首要环节。室内设计师应遵守《中国室内设计师专业守则》，在设计中体现“经济、适用、美观”的原则，贯彻可持续发展的方针，以自己的专业特长维护人与自然的和谐发展，促进生态环境的平衡、资源的节约与再生，把节约资源作为一项重要设计原则，做到把节约资源同提高室内环境质量统一起来，坚持以人为本的理念，提倡节约、环保型的“绿色设计”，为人们营造安全、健康、自然、和谐的室内环境。

2．施工工艺

选择合理、先进的施工工艺，有效地减少材料的消耗和能源的浪费。要尽量选择工厂化的施工工艺，对传统施工工艺中好的方面不能摒弃，而要进行科学的改革。“薄贴法”等新工艺把节约、环保做到了极致。与传统贴砖工艺相比，“薄贴法”除了在用料上节约外，因为使用的成品胶黏剂的强度是普通水泥砂浆的2～4倍，也就解决了“空鼓、掉砖”的问题，为业主扩大了厨房、卫生间等的使用空间。

3. 装饰装修材料的选择

低碳不仅要求选择的材料本身是环保和安全的，而且还要减少生产过程中的碳排放和对环境的污染情况，如要控制和减少铝材和实木材料的使用，注意选择符合节能要求的材料等。

4. 家居产品的选择和使用

装饰装修工程为低碳生活打下一个良好的基础，居住者还要注意家具的选择、太阳能设备的利用和家用电器的选择等，如选择具有自动断电功能的饮水机，可大大降低电量的消耗。

5. 施工管理

加强施工现场的物料管理、能源消耗管理和环境管理，督促施工者减少材料和能源的浪费，也是控制装饰装修工程中的碳排放的重要手段。

第二节　低碳环保的室内设计及装修

一、室内设计的总体原则及要点

（一）低碳装修设计的四大原则

目前国际上普遍流行衡量低碳装饰装修设计的三大标准，又称三大概念：S（Safety）、H（Health）、C（Comfort），分别代表的是安全性、健康性和舒适性。我国对装修设计一般都沿用建筑设计的衡量标准，即安全性、实用性、经济性、美观性，现在也逐渐与国际接轨，而国际标准中的舒适性就包含了实用性与美观性的内容。因此，结合国情，我国低碳装饰装修设计必须遵循的原则就是安全性、健康性、舒适性及经济性。

这四大原则并不是无序排列，它从一个侧面反映了重要的程度。任何低碳装饰装修中安全是最基本、最重要的。因为人类生产、生活都必须以延续生命为前提。

1. 安全性原则

房屋的建筑结构是住房的主体框架，支撑着整个房屋的安全。结构的质量直接关系着住房的抗震等级和居住过程中的安全，如果在装修中随意拆改结构，就会降低住房的安全性。家庭装修活动，特别是小区中居民住宅楼的装修，不仅是每一户居民自家的事，同时也是一种社会活动，必定与邻里间产生联系，如果不注意结构安全，就有可能使装修后的楼房成为危楼。更严重的是，如果在装修施工过程中发生建筑塌裂事故，会造成人员伤亡和财产损失的严重后果。为了家人和他人的安全，一定要注意建筑结构的安全问题。

在低碳装饰装修中，为了保护住宅建筑结构安全，一定要做到以下几点：

（1）不能拆改住宅建筑的结构

在家庭装修中，严禁拆改承重墙、剪力墙、阳台及窗台下的墙体、房间的梁或柱等，无论对这些部位进行拆除还是改动，都直接影响到住宅的安全。而非承重墙则可以根据低碳装饰装修重新划分室内空间的需要，进行拆除或移位。

（2）不能破坏住宅建筑的结构

在家庭装修中，绝对不能在承重墙、剪力墙、楼板、屋面板上剔凿洞口，否则极易将结构钢筋割断，留下安全隐患。如果遇到万不得已的情况，一定要开洞口时，必须经过精密计算，进行必要的结构加固处理，如增加过梁、箍筋等。

（3）不得随意增加荷载

任何房屋基础的承载能力都是一个固定值，增厚混凝土地坪、增酥砖墙、超荷载吊顶等都会降低住宅的安全系数，留下安全隐患。

2．健康性原则

近些年，人们对健康越来越重视，因此，建筑和室内装修的健康性问题也备受关注。为适应这一发展趋势，美国开发商已研发出无毒无污染的健康住房，提供给那些过敏体质的人，因为他们难以忍受传统住房中油漆、木制品或胶黏剂散发出来的各种气味。我国也相继出台了室内装饰装修材料中的10种有害物质的限量标准，这些标准的出台对家居装修污染有了强有力的控制和应对措施。同时提出了“健康住宅”的概念，让住房成为对身体健康有利的环境，不产生或少产生对身体健康有害的污染，能满足特殊人群（残疾人、儿童、老人等）的正常使用。享受健康生活是人们的追求，家是人们生活的最重要场所之一，如果其中充斥着潜在的不利于身体健康的因素，那么即使它再舒适、再美观也没有任何意义。低碳装饰装修为保证其健康性，一般要做到：确保良好的自然条件，建立良好的家居自然环境，防治室内环境污染。

3．舒适性原则

人们进行低碳装饰装修的目的就是要使自己的家庭生活更加舒适。怎样的家居环境才能让所有家庭成员都感到舒适呢？这主要取决于它满足人的物质与精神两方面需求的程度。前者就是在功能上满足家庭生活的使用要求，并提供一个使人体感到舒适的自然环境；后者则是创造出一种和谐的家庭生活氛围，使家居具有一定的审美价值。

4. 经济性原则

家居装修花费不菲。据不完全统计，仅上海地区每年居民用于家居装修的费用就达300亿。对每个家庭而言，家居装修少则花费几万、十几万，多则甚至花费几十万、上百万。虽然我国人民生活水平有了极大的提高，但和发达国家相比还有很大差距。所以，对于普通家庭来说，家居装修必须考虑经济因素。

（1）不要片面追求经济性

在考虑家庭装修经济问题时，不可盲目省钱。也就是说，不能不顾及居住环境的质量、安全、舒适来片面追求经济节约。这种片面节约的装修方式实际上是另一种形式上的浪费。一旦发生事故或进行重新装修，都将带来不必要的损失。

（2）注意经济的时代性和永恒性

随着经济的发展，人类的生活水平得到了不断改善。对于普通家庭来说，室内空气质量所带来的健康更显重要。所以，经济性的具体标准与内容就成为一个有时效、本身不断变化着的东西。总体说来，随着时代的进步，标准在逐步提高、内容不断扩充。然而，对经济性的追求则是一种永恒性的，没有时间限制，是人类可持续发展的重要前提。

（二）如何做到环保设计

1. 树立室内环境意识

所谓树立室内环境意识，就是在对居室进行整体设计时，首先要把环保、生态平衡、室内环境污染等因素作为考虑的条件，只有在此基础上，才能进行以后的设计。这是第一层意思。

要将环境意识作为室内设计的理念和一种指导思想，贯穿于整个系列的设计之中，而不只是表现在一时一处。如在房间格局设计上不能为了增加功能性，就忽视空气流通的问题；处理地面、墙面时不能仅仅为了美观，而忽视了室内空间承载量的问题。要将环保的理念贯穿于整个设计中。这是第二层意思。

要把室内环境意识的设计理念当成选择设计方案的第一标准。以墙面的处理为例，为保证墙面的平整美观，装饰公司通常在刷涂料前对墙体进行基层处理时，采用一些低档清漆作底，涂刷时又加入大量的稀释剂，而清漆及稀释剂都含有大量的苯化合物，致使装饰后墙面中苯的含量大大超标。目前许多家庭在装饰上互相攀比、争相进行豪华装修，不惜重金。但由于缺乏环境保护意识，却带来了严重的污染。我们应遵循“重装饰，轻装修”的新理念。它既能保证环保又比较经济，而且不失美观。这是第三层意思。

2．合理选择设计方案

由于没有合理选择装修设计方案，很多业主尽管装修选购的全是环保材料，但装修后室内空气还是有污染，因此合理选择装修设计方案很重要。这就要求我们在确定家庭装修设计方案时，要注意以下四个方面：

（1）合理计算房屋的空间承载量

由于目前市场上的各种装饰材料都会或多或少释放出一些有害气体，即使是符合国家室内装饰装修有害物质限量标准的材料，也会在一定的室内空间里造成空气中有害物质超标的情况。

（2）搭配各种装饰材料的使用量

例如，地面材料最好不要使用单一的材料，因为地面材料在室内装饰材料中使用比例大，如果选择单一材料很容易造成室内空气中某种有害物质超标。

（3）保证室内有一定的新风量

按照GB/T18883-2002《室内空气质量标准》中规定的室内新风量应该保证在每人每小时不少于30m^2，所以装修时应注意不要人为地阻挡室内的通风，有条件的家庭可以安装净化器和新风机，或有通风功能的空调器，通风状况不好的住宅楼更要注意这个情况。

（4）减少污染物累积，避免污染超标

因为空气污染是各种污染物质在室内空气中累加的，如果购买同样会释放有害气体的家具和其他装饰用品，互相叠加，就会造成室内污染物质超标。

室内装修是为了美观和舒适，但绝不可忽视安全。如果仅仅为了达到美观的目的而造成室内环境的污染，或如果仅仅为一时的舒适而要以长久危害身体健康为代价，这样的装修就得不偿失。

二、室内设计风格的选择及要点

（一）不同的设计风格

在现今的居室装修设计中，有众多的装修风格及流派，大致可归纳为以下几种：

（1）中国古典风格

以明清红木家具最具代表性，装修格调高雅、用料考究、做工精细、色彩深沉，融合了庄重和优雅的双重品质，同时又有浓重的怀旧气息。

对称轴线在中国古典居室布置中几乎形成了定式，匾额、书画、对联、太师椅、八仙桌、条案、隔屏再加上博古架上陈设的古董，构成一幅对称的中国传统居室的装修风格。继承古典风格不能简单地抄袭，讲究“形”似和“神”似，化庄严肃穆为典雅优美，体现简约的复古。可以将中国传统风格中的一些线条、色彩以及造型融入现代的居室装饰之中。例如，在一组硬木扶手的沙发边上放上一把明式的圈椅，这种组合还可用图案和色彩来加以协调，墙上挂几幅仿古字画，在博古架、书柜、茶几上放一些古玩珍宝的仿品，在房间和书房一角陈设青瓷花瓶和红木几架，卧室里放置仿红木色调的木架雕花床及用龙凤图案雕成的樟木箱、橱。在这种风格的居室内，用带有中国传统图案的织物来陪衬更显得和谐而优美。

（2）欧洲古典风格

这是一种以华丽、高雅为特色，追求欧洲文艺复兴时期贵族情调的设计风格，以古希腊、古罗马的立柱为主要代表。罗马柱和大门套能充分显示室内的豪华，而欧式的壁炉和弯腿镶金线的家具则衬托出高贵和典雅，大量的白色石膏花饰、柱头上拉毛粉刷以及艳丽古典的花墙纸、地毯、窗帘和复杂的镀金吊灯可以表达出细腻之美，墙上悬挂饰以镀金镜框的古典油画，桌上放几尊白色的经典石膏雕塑，客厅沙发面料多为棕色带点黑，骨架则为白色镶金花边。

（3）现代风格

这是一种简洁、明快、单纯又带抽象的装修风格，具有强烈的时代节奏感。家具多用现代感很强的组合式家具、板式家具或软垫家具，造型新颖，色彩淡雅，一般都漆成白色或保留高档木材的本色。窗帘和床罩选用大块抽象图案的织物。地上铺设素色化纤地毯，房间里采用间接的和局部的灯光照明，墙上挂上铝合金镜框的现代画或大幅摄影作品、油画、水彩画等，还要布置多种新潮的家用电器和电子产品，造型和摆放适宜的盆景、花卉及水族箱也会为房间增添美感。在布置手法上注重各种器物之间的统一、和谐，努力创造出平静、惬意的整体室内环境氛围。

（4）田园风格

喧嚣的城市、快节奏的生活，使人们渴望田园生活，向往农舍的恬静。田园风格的装饰以追求天然材料的淳朴质感为目的，常会把砖、石、木材等不加修饰地裸露在外。墙面用杉板铺贴，家具用杉、松原木及藤柳、毛竹等制作，造型古拙的竹编、草编器具和饰物布置其间，力求表现出农家悠闲、舒畅、自然、朴实的情调，又不失时尚，给人的印象是豪放、粗犷。由于崇尚质朴，许多器物往往不加雕琢甚至不掩盖材料的纹理、色泽和缺陷。看似简约，其实对风格和基调控制极为严格。所有的软装饰，如床单、桌布、窗帘、沙发垫及草编地毯、树根几架、竹制画框都要来自天然，也体现了低碳环保装修设计的要求。

（5）地中海风格

以法式家具为代表，简朴安宁，没有过多的装饰品，室内色彩大多为凉爽的白色、蓝色、淡绿色，并采用地砖、灰泥墙面大玻璃落地窗以及白玉圆柱栏杆的阳台。置身于室内，似乎能闻到阳光的香味和平静湛蓝的地中海海水气息。

（二）不同房间的设计要点

1．起居室的设计要点

起居室是家庭成员生活活动的主要空间，所以要利用自然条件、各种住宅因素以及环境设备等加以综合考虑，以保障家庭成员各种活动的需要。起居室功能是综合性的。集家庭团聚、视听活动、会客、接待等于一身，同时兼具用餐、睡眠、学习及书写等多种功能。设计和装饰一个理想的起居室，是由空间环境、界面装修、装饰陈设这三大部分构成的整体装饰。

（1）顶棚

起居室的顶棚由于住宅建筑层高的限制，不宜设置吊顶及灯槽，应以简洁的天花板为主。

（2）地面

起居室地面材质选择余地较大，可选用地毯、地砖、天然石材、木地板、水磨石等多种材料。使用时应对材料的纹理、色彩进行合理选择，由于空间限制，像公共空间中那样利用拼花来强化视觉的做法应慎用。地面的造型也可以用不同材质的对比来取得变化之美。

（3）墙面

起居室的墙面是起居室装饰中的重点部位，因为它占据了重要位置，是视线集中的地方。可以说墙面的风格也就是整个室内设计的风格。对起居室墙面的装饰最重要的是从使用者的兴趣、爱好出发，发挥设计者的聪明才智，体现不同家庭的风格特点与个性，这样才能装饰成有个性、多姿多彩的起居室空间。总之，起居室是家庭装饰装修的重点，而起居室墙面的设计又是重中之重，设计者应从每个家居的特殊性及主人的兴趣爱好出发，发挥创造性，以便达到更好的装饰效果。

（4）陈设

室内设计是由空间环境、界面装修、装饰陈设三大部分构成的一个整体。空间环境的氛围，包括了地面、墙体、顶棚、门窗等基本要素构成的空间整体形态及尺度，加上采光、照明、空调、通风等设备的设计与安装共同营造而成的。界面装修是空间界面的包装。装饰陈设则是对已装修完毕的界面进行相关物品的点缀与布置。室内设计中陈设品与空间环境、界面装修以及陈设品与陈设品之间不能截然分开，它们之间应该是互相联系、相辅相成的关系。装修的风格制约着陈设，而陈设又对装修起着很大的辅助和影响作用。装修与陈设的主次关系常会随着空间的变化而变化。在住宅空间中，陈设的应用范围很广，门厅、起居室、书房，也包括卫生间，但应用最多的无疑是起居室空间。可用于起居室中的装饰陈设品很多，而且没有定式。室内设备、用具、器物等只要适合空间需要及主人情趣爱好，均可用于起居室的装饰陈设。

（5）采光与照明

以自然采光为主的客厅，会使人感觉舒畅明亮，同时，户外光源随时间的推移也增添了空间宁静、典雅的氛围。自然光源的变化，可利用窗帘来调节，取纱帘遮掩，会使光源变得委婉柔丽；织料布帘的遮蔽，可使光线微幽；而选竖条亚麻百叶帘，则柔和至幽暗光线可随心选择。自然光源会随时间的改变而有强有弱，因此，即使是在白天，有时也需要人工照明作辅助。人工照明以晚间为主，天花板正中顶灯与墙壁灯是基本光源，顶部四周及其他光源起辅助作用。

2. 卧室的设计要点

从人类形成居住环境时起，睡眠区域始终是居住环境的主要功能区域，尽管今天住宅的内涵在不断地扩大，增加了娱乐、休闲、健身、工作等活动，但睡眠依然是居住空间最重要的功能。

这就要求首先卧室的面积应当能满足基本的家具布局。其次要对卧室的位置做恰当的安排。睡眠区域在住宅中属于私密性很强的空间，是一个相对要求安静的区域，因而在建筑设计时，往往把卧室安排在住宅最里端，要和门厅保持一定的距离，以避免相互之间的干扰。另外在设计的处理上，要注重卧室的睡眠功能对空间光线、声音、色彩、触觉上的要求，以保证家庭成员有高质量的睡眠。

（1）主卧室的功能和设计要点

主卧室是房屋主人的私人生活空间，高度的私密性和安全感是对主卧室布置的基本要求。在功能上，主卧室一方面要满足休息和睡眠等要求；另一方面，随着人们生活质量的提高和居住条件的改善，对卧室又有休闲、工作、梳妆及卫生保健等综合要求。因此，主卧室实际上已成为具有睡眠、休闲、梳妆、盥洗、储藏等综合实用功能的活动空间。

（2）主卧室内的睡眠区

睡眠区的布置要对夫妇双方的婚姻观念、性格类型和生活习惯等方面综合考虑，然后从实际环境条件出发，尊重夫妇双方身心的共同需要，寻求理想的布置方案。在形式上，主卧室的睡眠区可分为两个基本模式，即“共享型”和“独立型”。所谓“共享型”的睡眠区就是共享一个公共空间进行睡眠休息等活动。在家具的布置上可根据双方生活习惯选择，要求有适当距离的，可选择对床，要求亲密的可选择双人床，但容易造成相互干扰。所谓“独立型”则是以同一区域的两个独立空间来处理双方的睡眠和休息问题，以尽量减少不必要的相互干扰。

（3）主卧室的休闲区

主卧室的休闲区是满足主人阅读、思考、游戏等以休闲活动为主要内容的区域。在布置时可根据夫妻双方在休息方面的具体要求，选择适宜的空间区位，配以家具与必要的设备。

（4）化妆区

主卧室的梳妆区应包括美容和更衣两个部分。这两部分活动区域可以是组合式，也可以是分离式。组合式和镶嵌式不仅可节省空间，而且有助于增进整个房间的统一感。更衣也是卧室活动的组成部分，在居住条件允许的情况下可设置独立的更衣区，或与美容区相结合形成一个和谐的空间。空间受限时，也可以在适宜的位置上设立简单的更衣区域。

（5）储藏区

主卧室的储藏物多以衣物、被褥为主，嵌入式的壁柜设置较为理想，这样有利于加强卧室的储藏功能，节约空间，但也可以根据实际需要，设置容量与功能较为完善的其他形式的储藏家具。

（6）卧室的装饰设计

卧室是具隐私性的房间，因此，卧室装饰设计应根据主人的性格和兴趣，考虑选择宁静稳定或浪漫舒适的情调，创造一个完全属于个人的理想环境。

（7）地面

卧室的地板应选用中性或暖色调的装饰材料，以条形企口拼木地板为好，地毯效果更佳。

（8）墙壁

卧室的墙壁通常有三分之一的面积被家具遮蔽，而人的视觉除床头上部的空间外，主要集中于室内的家具上。因此，墙壁上的装饰选材应以配合整体气氛、烘托主体为原则。

（9）顶棚

顶棚的形状、面料、色彩是卧室装饰设计的重点，要求富有层次变化并且带有个性色彩，另外用平顶棚配装饰木线与灯具制造出既简洁而又典雅的情调，也是一个好的选择。

（10）色彩

整体色彩以统一、和谐、淡雅而不过于刺激眼睛、影响睡眠为宜，对局部的颜色搭配应慎重，一般采用稳重的色调，欢快而柔美的粉色系尤为受欢迎，绿色系活泼而富有朝气，蓝色系清丽浪漫，灰调或茶色调舒适雅致，黄色系热情中充满温馨，可以根据情况自由选择。

（11）光线的组织与空间设备

卧室的光源分自然采光和人工照明两种类型。自然采光主要依靠窗户，一般由窗帘来调节，强弱应以有助于睡眠为宜。人工照明的设计分整体照明和局部照明，局部照明由床头灯、壁灯或橱柜隐藏灯组成，它们都是遮挡式间接光源，不会刺激人的眼睛。根据个人喜好决定冷暖光的使用。

3. 儿童房的设计要点

儿童房的装饰陈设已经成为现代室内装饰艺术的一个重要的组成部分。从心理学角度分析，儿童独特生活区域的划分，有助于他们提高自己的动手能力，启迪智慧。儿童房间的布置应该是丰富多彩的，针对儿童独特的性格特点和心理特点，设计的基调简洁明快、新鲜活泼、富于想象，为他们营造一个童话式的意境，使他们在自己的小天地里更有效地、自由自在地安排课外学习和生活起居。

（1）尺度设计要合理

根据人体工程学的原理，为了儿童的身体健康，在为他们选择家具时，应该充分照顾年龄和体型的特征。写字台前的椅子最好可以调节高度，如果长期使用高矮不合适的桌椅，会造成驼背、近视，影响孩子的正常发育。在儿童专用家具的设计中，要注意多功能性及合理性。如给孩子做组合柜，下部宜做成玩具柜、书柜，上部则作为装饰空间。根据儿童的审美特点，家具要选择明亮艳丽的色调，这样不仅可以使孩子保持活泼积极的心理状态和愉悦的心情，还可改善室内亮度。更重要的是在明亮温暖的亮度下，孩子容易产生安全感和归属感。儿童房的家具摆放要少而精，应设法给儿童留下活动空间。出于安全，家具应尽量靠墙摆放，这一点相当重要。

（2）装饰摆设要得当

得当的装饰和摆设有利于儿童身心的健康发展。墙面装饰是发挥孩子个性爱好的最佳园地，这块空间既可让孩子亲自动手去丰富它们，也可以装饰出各种独特的风格。如可以在墙面上布置一幅色调明快的景物画，又可采取涂画的手法，画上蓝天白云、动画世界、自然风光等。这样不仅在视觉上扩大了儿童的居室空间，又可让孩子感到大自然的神奇，充分发挥想象力，从小培养热爱大自然的情操和健康快乐的性格。如果没有条件布置巨幅绘画，也可以在墙上点缀些自然的东西，挂上一个手工的小竹篮，插上茅草或其他绿色植物，或贴上妙趣横生的卡通动画等，都能给儿童房间增加自然美的气息。

（3）桌面的陈设要兼顾观赏与实用两个方面

对于儿童所使用的一些实用工艺品，如台灯、闹钟、笔筒等，要追求造型简洁、颜色鲜艳，同时必须安全耐用，经打经摔。摆设品要尽量突出知识性、艺术性，还要能体现儿童的特点，如绒制玩具、泥娃娃、动植物标本、地球仪等，或在室内放置一两件体育用品，更能培养孩子的情趣和爱好。寒冷的冬季，在室内摆上一两盆绿叶花卉，能使孩子的房间充满盎然春意。

（4）窗帘也应别具特色

一般宜选择色彩鲜艳、图案活泼的面料，根据季节变化搭配不同花色的窗帘则更好，如春天的窗帘可选用绿色调的自然纹样，夏天则换上防日晒的彩色百叶帘。

（5）一定要环保

美轮美奂的儿童房让孩子一见倾心，但它也可能是“罪恶”的储藏室。有资料显示：劣质油漆、涂料、黏合剂所释放出的有害气体会引起儿童再生障碍性贫血。建筑材料中的放射性物质及放射线照射都是导致白血病的主要因素。塑料墙纸可能让孩子更易患呼吸道方面的疾病，严重的还会造成神经、免疫、呼吸系统的疾病。

家长们对儿童房进行装修或改造时，首要任务是确保其环保。儿童房的环保，包括选用环保建材或天然材料，选用安全性能高且环保的家具，并且尽量去掉繁缛的装修。既保证房间不受污染，更为日后孩子长大更换配置预留足够的配饰和布局空间。

总之，儿童房的设计在满足功能需要的前提下，要尽量考虑儿童的年龄、心理特点和性格特点，并注重激发其潜能。愿每一位家长都能为自己的孩子创造出一片真正属于他们的天地。

4．老年房的设计要点

人到晚年，心理上和生理上均会发生许多变化。进行老年人房间的装饰陈设设计之前，首先要了解这些变化和老年人的特点，并以适应这些变化为基础对老年人居室进行特殊的布置和装饰。

（1）隔音效果好

老年人的一大特点是好静，所以门窗、墙壁的最基本要求是隔音效果要好，尽量不要受到外界影响。老年人体质下降，还多患有老年性疾病，即使一些音量较小的音乐，对他们来说也是噪声，所以一定要防止外界声音的干扰。居室的朝向以面南为佳，采光不必太多，以环境优美为宜。

（2）家具要合理

老年人腿脚不便，为了避免磕碰，不能选用方正见棱角的家具，也不要用过高的橱、柜和低于膝的抽屉。在所有的家具中，床铺对于老年人至关重要。很多老年人并不喜欢高级的沙发床，因为会让人陷入床里不便翻身。太窄的钢丝床也不适合老年人。老年人的床铺高低要适宜，应便于上下、睡卧以及卧床时自取日用品，不至于稍有不慎就扭伤摔伤。

（3）视觉效果好

老年人的另一个普遍特点是怀旧，所以在居室色彩的选择上，应偏重于古朴、平和、沉着的室内装饰色调，这与老年人的经验、阅历有关。浅色家具显得轻巧明快，深色家具平稳庄重，可由老年人根据自己的喜好选择。墙面与家具一深一浅相得益彰，只要对比不太强烈，就能有舒适的视觉效果。

色彩与光、热的调和统一，能给老年人增添生活乐趣，令人身心愉悦，有利于消除疲劳、增添活力。老年人一般视力不佳又起夜较勤，晚上的灯光强弱要适中。另外，房间中要有盆栽花卉，绿色是生命的象征，是生命之源，有了绿色植物，房间内顿时富有生气，它还可以调节室内的温度、湿度，使室内空气清新。在床前摆放一张躺椅、安乐椅或藤椅是很实用的。

老年人居室的织物是使房间精美的点睛之笔。床单、床罩、窗帘、枕套、沙发巾、桌布、壁挂等颜色或是古朴庄重，或是淡雅清新，应与房间整体保持色调一致，图案也应以简洁为好。

总之，老年人的居室布置格局应充分考虑他们的身体条件，装饰物品宜少不宜杂，应采用直线、平行的布置法，使视线平稳，避免强制引导视线的因素，力求整体的统一。家具摆设在充分满足老年人起卧方便的情况下，还要注重低碳环保，从而创造出一个有益于老年人身心健康、亲切、舒适、幽雅的生活环境。

5. 书房的装修设计要点

书房也是居室中较有私密性的空间，是人们达到基本居住条件之后高层次的要求，能给主人提供一个阅读、书写、工作和密谈的空间，其功能较为单一，但对环境要求较高。

首先，必须安静。由于人在书写阅读时需要较为安静的环境，因此，书房在居室中的位置，应注意如下两点：一是适当偏离活动频繁的区域，如起居室、餐厅、儿童房等，以避免干扰；二是远离厨房、储藏间等家务用房，以保持清洁。

其次，书房要有良好的采光和视觉环境，使主人能保持轻松愉快的心情。

书房的设置要考虑到朝向、采光、景观、私密性等要求，因而书房多应设在采光充足的南向、东南向或西南向，忌朝北，使室内保持理想的采光，以便缓解视觉疲劳。

总之，随着社会的进步和人们生活水平的不断提高，生活空间也在不断进行改良、完善，书房已经成为必备的空间。在住宅的后期室内设计和装修阶段，应对书房的布局、色彩、材质造型进行认真的设计和反复的推敲，以创造出一个使用方便、具有形式美感的阅读空间。

书房的布局及家具摆放的基本原则：

（1）书房的布置形式

书房的布置形式与使用者的职业有关，不同的职业，工作的方式和习惯也有很大差异，应具体问题具体分析。有些特殊职业者的书房除用来阅读以外，还有工作室的特征，因而必须设置较大的书桌。无论整个居室是什么样的规格和形式，书房都要划分出工作、阅读区域和藏书区域两部分，其中工作和阅读区域是空间的主体，应在位置、采光上给予重点处理。藏书区域则要有较大的展示面，以便主人查阅，特殊的书籍还有避免阳光直射的要求，这都要做充分考虑。为了节约空间、方便使用，书籍文件陈列柜应尽量利用墙面来布置。有些书房还应设置休息和谈话的空间。在不太宽裕的空间内满足这些要求，就必须在空间布局上下功夫，应根据不同家具的作用巧妙而合理地划分出不同的空间区域，做到布局紧凑、主次分明。

（2）书房的家具陈设

根据书房的性质以及主人的职业特点，书房的家具设施变化较为丰富，归纳起来有以下几种：

①书籍陈列类，包括书架、文件柜、博古架、保险柜等，尺寸应以经济实用及使用方便为参照来设计或选择。

②阅读工作台面类：写字台、操作台、绘画工作台、电脑桌、工作椅。

③附属陈设：休闲椅、茶几、音响、工作台灯、笔架、电脑等。

（3）书房的装饰设计

书房具有工作空间的性质，但绝不等同于一般的办公室，它要与整个家居的气氛相和谐，同时又要巧妙地应用色彩、材质变化等手段来创造一个宁静温馨的环境。书房的室内装饰设计总体应以简洁素雅，视觉宽敞为原则，不能搞得花里胡哨。若是兼作会客厅，局部气氛可适当活跃，而整体仍应顾及宁静，体现高雅的气氛。

①地面、墙壁和顶棚。书房地面的材料一般采用地毯、拼木地板，其中以

地毯铺设效果最佳，因为地毯具有吸声、吸热的特点。墙壁与顶棚可以采用墙纸、壁毯、彩色乳胶漆和彩色水泥漆等。

②空间色彩与窗帘配置。书房的色彩力求稳重、恬静，设计时要参照使用者的性格、年龄等特征，使整体色调宁静而舒爽。窗帘一般选用既能遮光，又有通透感的浅色纱帘比较合适。强烈的日照通过窗幔折射变得温婉、柔和，可使眼睛免受光线的直接刺激。

6．厨房的设计要点

厨房是住宅中最重要的组成部分之一。许多设计师认为厨房占据的是隐蔽空间而缺乏设计的热情，这是一种误解。厨房的设计质量与风格，会直接影响到住宅室内总体风格、格局的合理性、实用性以及住宅室内装修的整体效果与质量。一定要以功能为主，充分考虑低碳环保进行合理设计。

厨房的功能可分为服务功能、装饰功能和兼容功能三个方面。其中服务功能是厨房的主要功能，是指作为厨房主要活动内容的备餐、洗涤、烧煮、存储等；厨房的装饰功能，是指厨房设计效果对整个室内设计风格的补充、完善作用；厨房兼容功能主要包括可能在其中发生的洗衣、就餐、交际等活动。由此可以看出，进行厨房装修设计是十分必要的。

（1）厨房的基本类型

在进行厨房室内布置时，厨房与其他家庭活动区域的关系必须进行考虑。因为厨房不仅具有多种功能，而且可根据其功能将它划分为若干不同的区域。现代住宅中，厨房正逐步从独立空间向其他空间关联融合进行转变，厨房的活动功能已不仅仅是简单的做饭烧菜。厨房的基本类型可分为两大类型，即“封闭型”和“开放型”。

（2）厨房的平面布局

厨房设备布置对厨房使用情况有较大影响，通常是利用工作三角法来讨论。工作三角是由贮藏、准备和清洗、烹调三个工作中心之间连线构成的三角形。从理论上讲，这个三角形的总边长越小，人们在厨房中工作时的劳动强度和时间耗费就越少。一般认为，当工作三角的边长之和大于6.7m时，不太便于使用了，较适宜的数字是将边长之和控制在3.5m～6m之间。对于一般家庭来讲，为了简化计算方法，也可利用电冰箱、水槽、灶台构成工作三角，来分析厨房内的设备布置和区域划分。

（3）厨房设计的注意事项

①厨房里应包含完整的储藏、准备和洗涤、烹调三个工作中心。

②交通路线应避开工作三角。

③工作三角的长度须小于6.7m。

④每个工作中心都应设有插座。

⑤每个工作中心都应设有地上和墙上的橱柜，以便存取各种器皿。

⑥厨房必须通风良好。

⑦应为准备饮食提供良好的工作台面。

⑧可设置无影的照明，并能集中照射到各个工作中心。

⑨炉灶和电冰箱间至少也要隔有一个柜橱。

⑩厨房设备的门开启时应避免干扰工作台。

⑪柜子的工作高度以81cm左右为宜。

⑫桌子的高应为74cm左右。利用它将地上的橱柜，墙上的柜橱和其他设施组合起来，构成一种连贯的标准单元，避免中间有缝隙，或出现一些不便于使用的坑坑洼洼和突出部分。

（4）厨房装修应注意的事项

①厨房装修应以光洁、明亮、整齐为原则，所选材料宜色彩清爽、素雅，并具有方便清理、不易污秽、能防湿防热、耐久性较好等特性。

②厨房的地面湿度高，家庭成员走动较多，且易粘油腻污垢，因此选择材料应主要考虑耐湿、耐磨、防水、防滑并易清洗，通常采用防滑地砖或塑胶地板。

③厨房的墙壁，由于常受到空气中油烟雾气的影响，易产生油腻污垢，因此宜采用光洁而易清洗，且耐水、抗热的材料，选材时应注意幅面不能太小，否则会给清理带来不便。

④简单的顶棚采用乳胶漆或多彩水泥漆进行表面涂刷、喷饰即可。如要吊顶，须使用防火、抗热且不易污染的材料，如塑料扣板，穿孔铝扣板等。

（5）设计好厨房的采光照明与空气流通

采光照明与空气调节是厨房装饰中的重要环节。烹饪工作较为繁杂劳累且要求细微、讲究卫生，所以对采光照明要求较高。因此，必须保证厨房有足够的照明和合适的采光，窗户越大采光、通风、排风效果越好，还必须合理安排局部照明与整体照明以调节厨房的白天照明，并保证其日间、夜间的安全使用。

（6）打造低碳环保厨房

作为电力、燃气、水的消耗大户，低碳厨房是打造低碳家居的重中之重。

购置厨房装修建材时，一是不要图便宜，应到正规的市场或超市去购买；二是选购贴有安全健康认证标志的产品，并向经销商索要符合新标准的检测报告；三是让经营者写明产品名称、有害物质限量、等级等内容；四是在使用材料时尽量留一些小块样品，一旦出现问题可以作为证据。

很多人认为火力越大的燃气灶就越好。事实上并非如此。燃烧同样的燃气，不同的灶具的热转化率也不尽相同，这就是热效率问题。热效率高，燃烧充分，转化为热的比例也越高，从而也越节约。

灶具的火力分为外环、中环和内环，市场上大部分灶具多为两根引射管控制三环火力，依靠调节火焰的大小来实现大、中、小火力的调节，这样容易燃烧不充分而产生燃气浪费，同时还会产生一氧化碳等有害气体。目前市场上出现了"三环分控"的燃气灶，用三根引射管分别控制三环火力，热效更好，控火更精准，最高热效率达到58%，远高于国家标准的50%和市场上一般的52%。选择"三环分控"灶具更低碳、更环保，同时对烹饪美味大有帮助。

厨房的灯具灯光作为电力消耗大户，需要讲究。厨房光源多应采用天花板嵌入式射灯形式，数目6～10个不等。尽量不使用吸顶灯，灯光光源尽量选择偏暖光，色度适中即可。

7. 卫生间的设计要点

卫生间是具有多样设备和多种功能聚合的家庭公共空间，又是私密性最高的空间，有时兼容一定的家务活动，如洗衣、储藏等。它所拥有的基本设备包括洗脸盆、浴盆、淋浴喷头、抽水马桶等，并应在梳妆、浴巾、卫生器材的储藏以及洗衣设备的配置上进行考虑。卫生间是家居的附设单元，面积往往较小，其采光、通风的质量也常常被牺牲，用来换取总体布局的平衡。

在住宅中，卫生间的设备与空间的关系应进行良好的协调，格局上应在符合人体工程学的前提下予以补充、调整，同时应注意局部处理，充分利用有限的空间，使卫生间能最大限度地满足家庭成员在洁体、卫生方面的需求。

（1）卫生间的使用格局

卫生间的平面布局与气候、经济条件、文化、生活习惯、家庭人员构成、设备大小、形式等方面有很大关系。因此布局上有多种形式，归结起来可分为独立型、兼用型和折中型三种。

①独立型。卫生间的浴室、厕所、洗脸间等相互独立的，称之为独立型。独立型的优点是各室可以同时使用，特别是在高峰期可避免互相干扰，使用起来方便、舒适。缺点是空间面积占用多，建造成本也较高。

②兼用型。把浴盆、洗脸池、便器等洁具集中在一个空间之内，称之为兼用型。兼用型的优点是节约空间、经济，管线布置简单等。缺点是一个人在占用卫生间时，会影响其他人使用，此外，面积较小时，储藏等空间很难设置，不适合人口较多的家庭。兼用型卫生间中不适合放入洗衣机，因为洗浴等产生的湿气会影响洗衣机的寿命。

③折中型。卫生间中的基本设备部分独立、部分放到一处的情况称之为折中型。折中型的优点是相对节省一些空间，组合也较为自由，缺点是部分卫生设施互相干扰的现象无法解除。

（2）卫生间的装饰设计

卫生间的装饰设计，主要是通过围合空间的界面处理来体现格调，如地面的拼花、墙面的划分、材质的对比、洗手台的处理、镜面和画框的形式以及贮存柜的设计等。装修设计应考虑所选洁具的形状、风格对其的影响，应相互协调，做法精细。

在照明方式上，卫生间虽小，但光源的设置却很丰富，往往有两到三种色光及照明方式综合运用，对形成不同的气氛起到不同的作用。

在卫生间的色彩上，要与所选洁具的色彩相互协调，这时材质能起很大的作用，通常卫生间的色彩以暖色调为主，材质的变化要利于清洁及防水，经济条件许可时可以使用木质，如枫木、樱桃木、花樟等。也可以通过艺术品和绿化的配合来点缀，以丰富色彩的变化。

（3）卫生间低碳技巧

一般淋浴10分钟会耗费约40升水，一次盆浴则需要180到270升水，用水量相差数倍。如果十分喜欢盆浴，可以买一个节水浴缸，不仅能让你享受盆浴的乐趣，还能做到一水多用。

有数据显示，坐便器用水已占到一般家庭用水量的40%。装修时要选用带有节水认证标识的节水型坐便器，如二挡型坐便器，这样的坐便器上有两个按钮，可选择不同冲水量。如果把坐便器水箱里的浮球调低2cm，平均每年可以省下4吨的水。坐便器冲水不一定要用水箱里的水，淘米洗菜的水、洗脸水、洗澡水……这些水同样能把坐便器冲得干干净净。也可选用带有自动冲洗、烘干功能的坐便器，方便完毕后不必再用卫生纸，而是用温水自动冲洗、烘干。

太阳能十分清洁且无污染。如果条件允许，给卫生间装上太阳能热水器会更低碳。

（三）通风、照明及色彩的设计要点

1．通风设计要点

住宅有很多自然通风形式，效果最好的就是穿堂风。穿堂风指由建筑物的迎风面（窗洞或门洞）吹进、穿过住宅室内从背风面吹出的风。据测定当房间内的穿堂风比较充足时，20分钟左右的时间，室内温度可下降1～2.5℃。要想使房间得到穿堂风，首先要把进风口处的窗、门等尽量打开，挡风的大件家具要适当

迁移，让穿堂风路线畅通无阻。如果在靠近风口的侧墙上有窗户，则要关闭，否则风吹进屋里之后，会斜向成为“交角风”跑掉。位于住宅背风面上的窗子可以加快背风窗口的排风量，使进入室内的穿堂风的风速相应增大。

新居装修入住之前，一定要有不少于两个月的通风时间。如装饰材料用量较大，入住时间紧，可装上机械抽风装置，尽快消除室内有害有毒气体。

2．照明设计

照明设计是一门综合性的技术，它不仅涉及光学、电学方面知识，还涉及建筑学、生理学和美学等方面知识，并与环保低碳的现代生活理念密切相关。现代居室照明设计与装饰工程，只有相互配合，才能真正做到安全、适用、经济、美观又低碳环保，营造出满意的视觉空间。

照明设计内容包括确定照明方式、选择光源及灯具类型，进行照度计算等一系列的内容。

（1）照明的基本概念

光通量：光源每秒钟发生的光亮即人眼所能感觉到的辐射功率被称为光通量，单位为流明（lm）。

发光强度：光源在特定方向单位立体角内的光通量称为该光源在这个方向的光强度，单位坎德拉（cd）。

光照度：某一表面被光照亮的程度称为光照度，它是每单位面积上受到的光通量数之和，单位为勒克斯（lx）$1lx=1lm/m^2$。

亮度：是指物体表面的明亮程度，单位是cd/m^2。

显色性：是指光源对物体颜色的呈现程度，显色性高的光源对颜色的表现能力就好，显色性低的光源对颜色的表现能力相对就差，自然光的显色指数为100。

色温度：色温度是以绝对温度K（开尔文）为单位来表示的。将一个标准黑体加热，温度升高到一定程度时颜色就会开始逐渐变化，利用这种光色变化的特性，当某光色与黑体的光色相同时，此时黑体的绝对温度就称为该光源的色温。

眩光：视野内有亮度极高的物体或出现强烈的亮度对比时，可能会引起人的不舒适感或造成视觉降低的现象，称为眩光。

（2）照明方式

照明装置按照度的不同分布特点可分为三种照明方式：

①一般照明：不考虑特殊局部需要，为照亮整个室内空间而设置的照明。

②局部照明：为提高室内某些特定地点的照度而设置的照明。

③混合照明：一般照明和局部照明共同组合而成的照明。

（3）光源

居室装饰光源分为白炽灯和荧光灯两大类，荧光灯又分为普通荧光灯、三基色荧光灯和紧凑型节能荧光灯三种。

白炽灯虽然发光效率较低，但具有连续光谱，显色性好，结构简单，使用方便，价格低廉等优点，所以在家庭装饰中被广泛采用。荧光灯又叫日光灯或低压气体放电灯，它必须与镇流器配合使用。传统的荧光灯配有电感式整流器和启辉器，其工作状况与环境温度有关，环境温度过高或过低都会造成启动困难和光效下降，低电压时启动性能变差，而电源电压波动更会影响灯的发光效率和寿命。三基色荧光灯是普通荧光灯的改进型产品，灯管内壁涂有三基色荧光粉，使灯管的发光效率和显色性都有大幅提高。电子镇流器的出现使荧光灯的性能进一步提高，显著改善了荧光灯在低电压时的启动性能，克服了荧光灯的频闪效应，减少了整流器本身的电能消耗和噪声。紧凑型荧光灯又称节能灯，它将灯管做成环形、2D形、H形、2U形、3U形等形状，将电子整流器做成内藏式，结构紧凑，发光效率高。由于其体积仅相当于普通白炽灯大小，因此可作为一般灯具的光源，现在已经得到了广泛采用。在选择居室照明光源时，建议优先选用紧凑型节能荧光灯和三基色荧光灯作为主光源，它可以提高发光效率，节约电能。在启闭频繁的场所则可选择双螺旋白炽灯。

（4）照度标准

照度标准是指工作面上的平均照度，工作面是以距地面0.75m的平面作为参考平面。居室装饰照度标准可参照GBJ133-90《民用建筑照明设计标准》中所规定的住宅建筑照明照度标准值，见表6-1。为了简化照度的计算，表6-2列出了居室常用光源功率数，在照明设计中一般不应低于这个标准。当灯具光照损失较大时应适当增加光源功率，书写、阅读区域或精细作业区域应另增加局部照明。

表6-1 住宅建筑的照度标准

		照度标准/lx		
F		低	中	高
起居室卧室	一般活动区	20	30	50
	书写、阅读区	150	200	300
	床头阅读	75	100	150
	精细作业区	200	300	500
餐厅或客厅		20	30	50
厨房、卫生间		10	15	20

表6-2　居室常用光源功率（W）

光源种类	白炽灯	荧光灯
起居室	60	30
大居室	60	30
小居室	40	20
厨　房	25	15
卫生间	15	7
阳　台	15	7

照明设计中在不降低照度标准的前提下应尽可能采用各种措施节约电能。但是不能单纯为了节电不适当地降低照度标准，以致给工作、学习和生活带来诸多不便，这样反而会得不偿失。居室照明设计经常会采用的节电措施有以下几项：充分利用自然光，改善环境对光的反射条件，确定合理的照度标准，推广应用新光源和改进照明灯具的控制方式。

（5）灯具

灯具的主体是用造型各异的金属、塑料、胶木、玻璃等材料制成，搭配相应的附件。灯具的结构、形状可以根据光源的种类、形状、功率、使用场合及灯具形体的要求来设计。灯具的功能主要是固定光源，并将光通量重新进行分配，达到合理利用和避免眩光的目的，还能使光源适合于不同环境，合理地发挥照明功能的同时产生各种照明的艺术效果。灯具的分类方式很多，在住宅装饰中灯具主要按用途和按安装方式来分类。

①按灯具的用途分类：可分为功能型灯具和装饰型灯具。功能型灯具是高效率、低眩光的以照明为主的灯具，这类灯具发光效率较高，注重实用性，但不太注重灯具的装饰性；装饰型灯具本身具有各种艺术性造型，是照明和装饰兼有的灯具，如各种吊花灯、艺术壁灯等。

②按灯具的安装方式分类：可分为吸顶灯、吊灯、镶嵌灯、壁灯、投光灯、移光照明灯具等。

3．色彩的设计要点

（1）居室色彩的个性设计

色彩是居室装修设计的一个重点。色彩是人们视觉中最重要的感知因素，它能够传递信息，表达情感。居室环境中的色彩可以直接影响人的生理和心理活动。甚至会影响人们的身心健康，因此重视居室色彩的设计，也是低碳装修的重要内容。

不同的色彩具有不同的个性特征，会对人体产生各种不同的影响和作用。例如，红色最富刺激性，使人产生热烈活泼的情绪，但是过多的红色会使人疲劳、烦躁；粉红色会影响人的丘脑，减少肾上腺素的分泌，让人的肌肉放松，并有缓解生活压力之功效；蓝色能使人镇静、平和，能减轻头痛、失眠的症状；黄色会刺激神经系统、促进血液循环，增加唾液腺的分泌，刺激消化，但过于明亮的黄色容易引起人们情绪的波动；橙色被称为丰收之色，让人感到安适、放心；绿色有镇静作用，有助于消除疲劳和克服消极情绪；紫色对人的情绪有抑制作用；白色能使人感到信任、开放；黑色象征权威，但意味着冷漠，一般不适合大面积使用，小面积使用则可以改善室内气氛，在补色对比中起到滋润的奇特效果。

在选择和搭配室内色彩时，除了考虑色彩的特征之外，还要考虑色彩的效果，使设计方案尽可能体现居室的功能：

①色彩的质量感。色彩会使人有软、硬、轻、重、厚、薄等感觉，高明度颜色有轻、薄、软的感觉；低明度的颜色则会使人有硬、重、厚的感觉。

②色彩的冷暖感。色彩的冷暖感是相对而言的。有彩色比无彩色暖，无彩色比有彩色冷。无彩色中，黑色比白色暖。而彩色中，同一个色彩含红、橙、黄等成分较多时偏暖，含青、蓝、紫成分较多时偏冷。

③色彩的体积感。灰暗色与冷色往往使人产生体积缩小的感觉；而明亮色与暖色会造成体积扩大、膨胀的感觉。例如：把两个相同体积的房间，一个涂刷成红色，一个涂刷成蓝色，会使人感觉红色的房间要小于蓝色的房间。

④色彩的进退感。不同的色彩会使人的距离感产生差异。在同样的距离下，红、橙、黄一类的暖色会使人感到距离缩小，有前进感；而蓝、绿、紫等冷色则让人感到距离扩大，有后退感。实验证明，当人眼到物体表面的距离为1m时，前进量最大的红色表面可以“前进”45mm，后退量最大的青色表面可以“后退”20mm。这就是说，在实际距离为1m时，由于色彩的作用可使物体表面在人的视野内产生65mm左右的“前进”或“后退”。

⑤色彩的华丽、朴素感。高纯度色显得典雅华丽，而低纯度色显得朴素大方。

⑥色彩的兴奋、安静感。红、橙、黄等暖色给人以兴奋、活跃感，而蓝、绿、紫等冷色则给人以沉着、安静感。

（2）顶棚色彩的选配

顶棚应选用浅淡、柔和的色彩，让人产生洁净大方之感。一般顶棚多选择白色，既可增强光线的反射，又能增加室内的亮度。但如果顶棚全部是白色，即使房间的墙壁装饰得很美，也可能显得不协调。因此，顶棚的色彩可以稍做变化。高度在2.8m以上的客厅顶棚可以选用浅黄或更热烈的黄色系色彩，体现明快、舒适的效果。近年来，顶棚装饰中还较多地采用了吊顶、装饰云花图案、石膏浮雕饰花等手法进行装饰。此外，当墙面与顶棚采用不同颜色时，交界线处一定要设顶角线，顶角线的颜色应跟顶棚一致。卧室里应选色调稍暗的顶棚（如淡棕色、淡黄色），并配以良好的灯光照明，不仅晚间生活别有情趣，即使在白天也有一种幽雅宁静之感。

（3）墙面色彩设计

室内墙面色调是构成房间色彩的基调，以平和、悦目的中性浅色为宜，如偏灰的米色、驼色、灰绿、灰蓝、鸭蛋青等。切忌采用纯度和明度高的原色或一次复色。墙面色调具体用色可从以下几方面考虑：

①要充分考虑房间的坐落方向、光线、高度和大小。房间的坐落方向朝东、朝南，面积不大，高度在2.5m左右，阳光比较充足的，应选择偏冷色的色彩为主，如淡天蓝、绿灰、芽绿、浅蓝灰、湖绿等色；房间的坐落位置朝西、朝北，光照不足，冬天较冷，应选用暖色系色彩为主，如奶黄、浅橙、浅茜红、桃红、浅棕、淡咖啡等色。室内的颜色处理一般是自上而下、由浅到深。

②要与不同房间的用途相协调。卧室的色彩要求整洁、雅致，有舒适感，所以不能采用刺激性较强的颜色。婚房应给人一种清新、欢乐、热闹的感觉，墙面色彩可以选用奶黄、天蓝、果绿、粉红等色。老年人的卧室色彩应以素雅清静为主，可采用白粉墙或尽量淡一些的天蓝。儿童卧室应有欢快、活泼气氛，墙面色彩以简洁明快的粉白、奶黄为好。客厅要求庄重、温和舒适，墙面色彩以粉白、淡棕、浅咖啡等色为主。餐厅墙面可采用浅橙、浅黄、奶油等暖色。厨房墙面一般以洁净明亮为主，宜用白色。卫生间应以洁白、干净为主，墙面色彩一般宜用白色、淡奶色等。

③要与家具的颜色搭配。家具在房间布置中占有重要的位置，因此，墙面的色彩一定要与家具的颜色相协调。例如：家具的颜色为深棕、红栗等色彩时，墙面就不能再选用鲜艳的色彩，应适当选用灰绿、草绿或驼色；如果家具的颜色为黄色，墙面则可选用鸭蛋青、玉白等色。

④要注意挂镜线、踢脚线的颜色选择。很多房间墙面会采用挂镜线、踢脚线进行装饰，挂镜线用色应以深色为主，一般采用栗红、深棕、枣红、紫红等色，以与墙面和墙顶色彩产生深浅分明的对比，使整个房间线条、轮廓清晰。踢脚线的颜色一般与挂镜线颜色相同，也可与木墙裙颜色相同。

⑤与室外环境相和谐。如果窗外是绿化地带，绿色反映较强，室内墙面就尽量不要采用红色；如果室外有红砖墙或其他红色，色彩反映较强，室内墙面就不要选用蓝色、绿色或紫色，宜用奶黄、芽绿、灰黄、浅棕等颜色，这样就显得协调自然。

⑥应在变化中求统一。居室不大的房间，四侧墙面宜采用同一颜色，不能使用斜向线条和杂乱的花纹墙纸，也不适用花纹颜色对比过大的印花涂层。不同房间的墙面可漆成不同的颜色，但地面的颜色最好统一，这样形成贯穿、变化中有统一，加强整体感。

（4）地面色彩设计选配

地面色彩有衬托家具和墙面的作用，宜选择较稳重沉静的深色，如红棕色、黄棕色，选用浅色的相对较少，可以根据个人爱好进行选择。地面的色调要根据家具颜色、墙面颜色、房间光线及大小等综合考虑，合理地进行选择。

①地面色彩不能与家具的颜色太接近，以免影响家具的立体感和线条感。一般来说家具是深栗色或棕色的，地面宜用黄棕色；家具是黄棕色的，地面以红棕色为佳。

②地面色彩要深于墙面，使墙面与地面界线分明色调对比明显。光线较为明亮的房间，地面可选用深色；光线较暗的房间，地面则要选用略浅的颜色。

对于小面积房间，最好选用统一的地面色彩，会显得整洁、宽敞、和谐。进行墙面饰纹时，地面最好是素色的；如果墙面是素色的，地面则可以进行饰纹（如划格、印花或仿木纹）。

③地面颜色确定后，一般要长期使用，不可能轻易改变。所以一定要周密考虑，不能随心所欲地选配颜色，以免产生不适感。

（5）窗帘色彩设计选配

①窗帘的颜色应尽量与墙面颜色接近，尤其是遮掉整个墙面的落地大窗帘，色彩应成为室内的主色调，室内其他织物的色彩都要与窗帘的格调相配。

②窗帘的颜色要根据不同的气候、环境和光线而定。北方气候较冷，宜选深色；南方气候温暖，宜选淡色。春秋季以中性色为好，夏季应选白色、玉色、天蓝。冬天用紫红、咖啡等色。有些家庭的窗帘常年使用，则采用中淡色最为适合。

③窗帘的颜色还要同家具、灯光的颜色相配合。例如，房间家具是深棕色，窗帘就不能再选择太深的颜色，否则会使人感到沉闷，房间也显得不宽敞。晚上窗帘要拉拢，所以窗帘的颜色还要考虑与灯光协调。使用黄色照明，窗帘的颜色就不宜太深；如果采用浅色照明，窗帘的颜色就可深一些。两种颜色不适合做窗帘颜色：一种是酱色，一种是鹅黄。前者色泽沉闷，看了不舒服；后者色泽娇嫩，风吹日晒很容易褪色。另外，同一房间内窗帘、门帘的花样颜色应该统一，还要与室内陈设的颜色相呼应，以形成完整的格局。

（6）家具色彩的设计和选配

①要站在统筹整个房间色彩的高度去考虑家具的颜色，使家具与家具之

间、家具与环境色彩之间产生和谐统一，形成优美的韵律感。如果用同一色度和色相的家具，就难免呆板、单调，用一点鲜艳的或与众不同的颜色来突出重点，会起到意想不到的效果。例如，卧房家具表面色为黄色，再采用紫色或紫罗兰色作线条边，不但能起到画龙点睛的作用，而且会使整个家具颜色显得轻松而稳健，明快而不空洞。

②掌握色彩的基本规律，并合理应用作为处理家具和它所处环境色彩关系的依据。金、银、黑、白、灰五色属中性色，它们能和其他颜色进行调和，起到缓冲、协调的作用。如镜框式家具用黑、白勾边，中国传统的朱漆围屏用镀金饰纹等都有很好的效果。

③了解民族习俗与地方风格。例如，古代家具为什么大多是深红色、紫红色或青灰色的。一方面与当时颜料品种、来源和装饰手法有关；另一方面，古时官僚、地主阶层认为红色、紫红色代表庄重、高贵。现代家具已逐渐趋于应用浅色，这与人们生活比较稳定，希望有一个明朗、雅致、舒适的居住环境有关，体现出较强的时代节奏感。不同国家、地区对色彩的爱好不同：西欧国家多用白色以象征爱情的纯洁；东方民族则多用红色以表达喜庆和吉祥。

④家具和其他工业产品一样具有流行色，因此在色彩上还要跟上流行趋势。过去崇尚红木色、华荠色，前几年崇尚本色和高光彩色，如今又流行实木深色亚光家具。而且这种流行趋势常以周期性规律出现。经验告诉我们，家具的流行风格总是按直→曲→直、简→繁→简、深→浅→深有规律地、周而复始地变化着。掌握这种流行规律，对我们采用顺应时代潮流的家具色彩是很有利的。

7. 色彩设计的配色步骤

在实际配色中，一般应遵循“房间配色—细部配色—特定配色”的原则，即先从功能要求来确定各房间的主色调；再对每一个房间的细部辅助色进行审定，如顶棚、地板、墙面、门窗等；最后再对各处需要进行对比点缀的特定陈设进行配色，如家具、窗帘、灯光、摆设、挂饰、布置等，这就是居室装修配色的三个步骤。

居室色彩的设计，应当区分基调色和重点色。如果房间本身面积大，应把显眼的位置如墙面、顶棚、地面、窗帘、床罩等处作为基调色来处理。其色调应该明快、清新、宁静。对于居室中重点的家具、陈设、布置等，特别是形状美观、质感良好的家具，应当重点色处理。如直接接触人体的椅子、桌面，室内的地毯，卧室中的床，书房中的书架等，处理得好，就有画龙点睛之妙。如在厨房中，主色应选用白色或浅蓝色，为了不使人因应用这些冷色而感到沉闷、单调，可在橱柜门板上应用橘红色作为辅助色。

第三节　低碳环保的室内材料选购

一、低碳环保材料的鉴别

绝大部分家装污染都是由装修装饰材料中散发的有害有毒物质引起的。而用量较大的装修材料，如地板、瓷砖、人造板、橱柜和油漆等，更是产生有害物质的罪魁祸首。

业主在选购建材时，一定要检查产品是否有合格证，并对同类产品检测报告中的污染项目进行对比，选择低污染的材料。对于那些污染指数超标的材料，绝对不要使用到住宅中。应尽量减少板材、胶合剂等材料的使用，因为这些材料是室内空气污染的元凶，含有甲醛等有毒物质，使用越多，空气被污染的可能性越大。要尽量使用水性涂料，尤其是水性木器漆，以避免苯类污染。

（一）查看装饰装修材料检测报告

在购买建材时一定要向商家索取检测报告，并注意报告是否按照新标准出具数据，还要对比报告与所购买的材料尺寸、批次是否相符，不要张冠李戴，受商家愚弄。在《民用建筑工程室内环境污染控制规范》中，特别规定了民用建筑和工业建筑材料的有害物质限量。民用建材又有I类民用建筑工程材料和Ⅱ类民用建筑工程材料的区别。I类民用建筑主要包括住宅、老年公寓、托儿所、学校、医院等；Ⅱ类民用建筑包括商场、体育馆、医院、图书馆、宾馆等。有些建材如大理石、花岗岩、陶瓷也被分为A、B、C三类，A类产品使用不受限制，B类产品不可用于I类民用建筑内饰面，但可以用于I类民用建筑的外饰面以及其他一切建筑，C类只能用于建筑外饰面及室外其他用途。

在查看产品检验报告时，要防止商家以假乱真。要认准MA（省级技监局颁发的计量认证合格—红色）、AL（省级技监局颁发的质量认证合格—红色）以及国家认证认可监督管理委员会颁发的CNAL（中国实验室国家认可—深蓝色）等标志。

如果对检测报告不放心，还可以委托有关部门重新检测。检测要找正规、权威部门，不能找一些没有资质的机构，以免花了冤枉钱。

（二）大力推广使用的装饰装修材料

1．装饰材料类

（1）瓷砖黏结砂浆。优点：质量稳定、使用方便、节约资源、减轻污染。

（2）装饰混凝土轻型挂板。优点：装饰效果好，节约资源，施工效率高。

（3）超薄石材复合板。优点：节约天然石材资源，减少建筑物负荷。

（4）弹性聚氨酯地面材料。优点：耐磨、耐老化、自洁性好。

（5）自流平砂浆。优点：施工效率高、不开裂、强度好。

（6）柔性饰面砖。优点：体薄质轻，防水，透气，柔韧性好，施工简便。

2．墙体、墙面材料类

（1）B04/B05级加气混凝土砌块和板材。优点：轻质性、保温性能好。

（2）保温、结构、装饰一体化外墙板。优点：节能、防火、装饰层牢固。

（3）石膏空心墙板和砌块。优点：轻质、隔声、节能、防火、利用工业废弃物节约资源。

（4）保温混凝土空心砌块。优点：保温、隔热。

3．保温材料类岩棉防火板、条

保温材料类岩棉防火板、条。优点：提高有机保温系统的防火能力，防止火灾蔓延。

4．门窗类

（1）传热优于2.5W/（m^2K）以下的高性能建筑外窗。优点：提高建筑物的节能水平。

（2）低辐射镀膜玻璃（Low-E）。优点：降低玻璃传热系数，减少建筑能耗。

5．给排水管材管件类

（1）高抗冲聚氯乙烯给水管（PVC -M）。优点：卫生，耐冲击、抗划痕、耐腐蚀。

（2）氯化聚氯乙烯热水管（PVC -C）。优点：卫生，耐腐蚀、阻燃防火。

（3）噪声低于45分贝的硬聚氯乙烯管材和管件。优点：耐腐蚀、降低噪声。

6．防水材料类

喷涂聚脲防水涂料。优点：涂膜无毒、无味，抗拉强度高、耐磨、耐高低温、阻燃，厚度均匀，适应复杂结构面施工。

7．洁具类

4升以下节水型坐便器。优点：节约水资源。

8．照明材料类

LED光源。优点：功率低、节约能源，体积小、重量轻，电源适应性强、施工简便，使用寿命长。

9．地面材料类

（1）竹地板。优点：无毒，牢固稳定，不开胶，不变形。

（2）复合地板。优点：耐磨、美观、稳定。

10．油漆涂料类

水性木器漆。优点：无毒环保，不含苯类等有害溶剂，不含游离TDI。施工简单方便、防锈、耐高温。

（三）新材料和新产品

目前市场上出现了一些低碳环保的新材料和新产品，备受青睐。

1．节水型产品

家用的洗衣机、马桶、冲淋房耗水量比较多，特别是夏天，用水量更大。而在我国，生活用水还远不能实现循环利用，造成水资源浪费严重，这与室内设计理念不够先进有关。前文提到过的节水坐便器就是一个很好的节水产品。

2．360度全向太阳能

这是一种阶梯组合式太阳能，可以轻松地挂放在墙上，能实现360度追日，最大限度提高太阳能吸收能量、储存能量的效率，和传统的太阳能产品相比，它可以彻底地解决太阳能产品只能放置在屋顶、移动困难、单向接受阳光等问题。

3．节能门窗

节能门窗，加入了高科技材料，可以达到更好的隔热保温效果，更节能、省钱、舒适。

现代建筑为了表现其性格特征，常常会增大采光和通风面积，门窗面积往往越来越大，更有一种全玻璃的幕墙建筑，这些大面积门窗常会加大热损失，占建筑的总热损失的40%以上。因此，门窗节能是建筑节能的关键。因为门窗关系到采光、通风、隔声、立面造型，而且是能源得失的敏感部位，这就对门窗的节能提出了更高的要求。

目前，从制作的材料来看，节能门窗有铝合金断热型材、钢塑整体挤出型材、铝木复合型材以及UPVC塑料型材等节能产品。其中UPVC塑料型材使用较广，它所使用的原料是高分子材料——硬质聚氯乙烯。

在窗的发展上，有以下几种格式，如阳台窗向落地推拉式发展，开发新型中悬和上悬式窗；卫生间主要发展通气窗，具有防视线和通风两种功能；厨房窗将向长条窗发展，设在厨房吊柜和操作台之间；此外，还有门窗遮阳技术，十分适合在夏热冬暖地区推广应用。

4. 空气清新液

目前市场上出现了一种新型环保涂料添加剂，采用纳米、无源负离子及自动抗菌等高新技术。不但自身生态环保、无污染，而且可以祛除异味，自动净化清新室内空气。

5. 生物工程腻子

利用生物工程技术将海洋生物产品植入腻子之中，除了具有不燃、隔声、防水、重量轻以及隔热等特点外，还具有自动调湿、消除异味、净化空气、增加负氧离子、保持墙面长效清洁等优点，应用后可提升健康生活品质。

6. 智能夹层

这种夹层运用了材料相变原理等高新技术，使室内既可以不用空调，也不用加湿器，同样能达到相对恒温恒湿的效果。

7. “负离子家装”技术

这种家装“负离子”工艺，能有效祛除室内空气中的大部分甲醛等化学污染物，并有一定的抗菌作用。

8. 人造石材

仿石材产品的性能与质感优于石材，视觉效果非常逼真，在环保低碳方面也远高于石材。

9. 环保装饰装修材料

（1）环保地材

植草路面砖是多孔铺路产品中的一种，采用再生高密度聚乙烯制成。可减少暴雨径流，减少地表水污染，还能排走地面水。

（2）环保墙材

新开发的一种加气混凝土砌块，可以用木工工具切割成型，用一层薄沙浆砌筑，表面用特殊拉毛浆粉面，具有阻热蓄能的功效。

（3）环保墙饰

草墙纸、麻墙纸、纱绸墙布等产品，具有保湿、驱虫、保健等多种功能。

（4）环保漆料

这是一种多功能硅藻泥材料，除施工简便外还有多种颜色，能给家居带来缤纷色彩，涂刷后会吸附甲醛等有害物质，具有吸声、调节湿度等功能。

二、低碳环保材料的购买

（一）地板的选购

1．传统地板

（1）实木地板的选择

选择实木地板，主要从以下几方面来考虑：

①品牌。品牌是质量的象征，也是质量的保证。

②精度。地板加工精度是衡量地板质量的基本要求之一。地板是分块铺装而成的，有一点误差就可能造成大面积尺寸不准，即俗话所说的“差之毫厘，失之千里”。GB/T15036.3-1994《实木地板块榫接地板块技术条件》中规定的地板长、宽、厚的机械允许误差是：长度±0.5mm或±0.3mm，宽度±0.3mm，厚度±0.3mm。在购买地板时，可以用几块地板拼装，看其四个端角是否呈90度角。另外，外表的光洁程度、手感如何，都是需要注意的。

③色差。作为天然产品，轻微的色差是无法避免的，但出现较大色差或发黑变色，则会严重影响美观，坚决不能选用。

④裂纹。裂纹分纵裂和环裂两种。纵裂走向穿透木材纹理且会逐渐延伸，环裂纹一般不会延伸。优等品地板不允许有裂纹，一等品地板允许有宽度≤0.2mm，长度≤20mm的环裂。

⑤节子（节疤）。节子分为活节和死节两种。活节的木材组织和周边木材紧密相连，没有缝隙。死节的木材组织和周边木材脱离，甚至会使节子脱落，形成一个空洞。优等品地板不允许有缺陷性节子存在。一等品地板允许有≤10mm的活节和直径≤3mm的死节存在。当然，作为天然产品，要做到完全没有节子几乎是不可能的，而且，有时节子的合理存在反而会使纹理更美观，更自然。符合《实木地板块榫接地板块技术条件》中规定直径≤3mm的活节和直径≤2mm的没有脱落、非常集型的死节不作为缺陷性节子看待。

⑥弯曲。弯曲的形式有两种，一种地板的水平面是平直的，而侧边弯曲使木板呈弯刀状，这种弯曲在铺设后会留下不均衡的缝隙；另一种弯曲是地板拱起或翘曲，这种弯曲只要不是太大，铺设后不会留下痕迹。

⑦虫眼。地板遇虫蛀后会留下死眼，虽然地板经人工干燥后，虫蛀不会再有发展，但虫眼的存在毕竟会影响美观，因此，优等品不允许有虫眼，一等品允许有少量直径≤1mm的针孔状虫眼。

⑧腐朽。木材组织坏死、霉变、变色，因而质地疏松，强度降低，不可用作地板。

⑨髓心和边材。树心材料和靠近树皮部位材料的材质、纹理都较差。一般不选择。

（2）复合地板的选择

复合木地板由于价格低廉、安装方便、耐磨性强、使用维护方便等优势在建材市场中占据着很大份额，为更好地选择复合木地板，在这里给大家提供几点建议。

①复合木地板的耐磨转数、甲醛释放量、吸水膨胀率三个基本参数与使用密切相关。建议在购买复合木地板时，要求商家在包装上注明所购地板的完整的技术参数。

②复合木地板的主要价值表现在其表面的复合耐磨层上，有些商家使用表面粘贴三聚氰胺纸的假地板，以次充好。建议在铺装时任选一块地板，用小刀划地板表面，划印深，并且像纸张一样裂开的，则为假货，真货是划不动的。

③现在有一部分进口的复合木地板是国外进口的原板，在国内开的企口槽，因此挑选木地板时，要注意企口是否顺直，并试着拼合样品，如发现过松或过紧，就不要购买此类地板。

（3）强化木地板的选择

在低碳装饰装修中，常见的消费者购买误区有：不了解合理价格区间，盲目选择，重价格、轻服务；不在规范的经营场所购买；被涂改、伪造、虚假的证明所误导；购买地板不留存有效票据，地板铺装完没有保修单，出现问题时无处解决；没有重视地板的综合指标，而一味追求个别指标。

2. 新型地板

（1）“绿色地板”

所谓绿色地板，就是在生产、施工、使用过程中，对环境无污染、对人体健康没有危害的地板。绿色地板要达到环境标志认证，符合木制品环境标志产品技术要求中的有关规定，即要求其甲醛释放量应小于等于0.124mg/m^3，（GB18580-2017《室内装饰装修材料人造板及其制品中甲醛释放限量》），必须使用紫外光固化漆等。

胶黏剂是木地板的原辅料，而地板是否能达到绿色环保要求与胶黏剂的使用有非常大的关系。在地板的加工过程中，只有注意胶黏剂的质量，才能减少甲醛含量。在国外的环保标准中，对胶黏剂的使用有一个最基本的要求，就是不能对人体造成伤害。

实木地板并不等于“绿色地板”。实木地板表面漆膜如果没有达到“绿色”的要求，会对生产者或对使用者的身体产生危害，因此不能算是“绿色地板”。舒适度、耐久度、耐磨性、低甲醛释放量和使用对人体无害的紫外光固化漆，这些技术指标结合起来达到最佳水准的地板才是真正的“绿色地板”。

（2）竹地板

在全世界木材数量急剧减少和环保热情高涨的情况下，尤其是受到原材料涨价以及实木地板征税的影响，竹材正在迅速成为地板行业不可忽视的资源。据调查，竹地板在国内市场的销量每年以20%～30%的速度增长。同时，竹地板在国际市场非常走红，其出口增长速度仅次于强化木地板。

竹地板是非常适合地面铺装的装修材料。纹理通直，色调高雅，刚劲流畅，硬度高，质感细腻，可为居室增添一些文化氛围。另外，竹地板的自然硬度比木材高很多倍，不易变形。与实木地板相比，竹地板是热的良导体，非常适合地热采暖。

由于竹子有很强的硬度，所以竹房屋具有很好的抗震性能。建造相同面积的建筑，竹子的能耗是混凝土能耗的1/8，是木材能耗的1/3，是钢铁能耗的1/50。竹建筑不仅节能、成本低廉、质量可靠而且经久耐用。汶川大地震之后，国际竹藤组织与花旗银行合作，在都江堰的“幸福祥和小区”建起了竹房屋，实用又别致，大受欢迎。

在2010年的上海世博会中，竹材应用范例使竹子的诸多优势得到了充分展现，另外，利用竹资源有利于环保。竹材是我国第二大森林资源，竹子的生长周期远远短于树木，几年就能成材，成为可持续生产的资源，竹子产量丰富，年产量约1160万吨，我国长期以来一直面临木材供不应求的矛盾。而多用竹子少用木，发展高水平竹产业，应该成为建筑节能、低碳减排的新选择。

竹地板与传统地板相比有明显的低碳环保发展优势。

①与强化木地板比质量。竹地板色差小，竹子的生长半径比树木要小得多，受日照影响小，没有明显的阴阳面的差别，但竹纹丰富，而且色泽匀称；竹子硬度高，它的自然硬度比木材高出一倍多，而且不易变形。在稳定性上，竹地板收缩和膨胀率也远比实木地板小。

②与实木地板比价格。市场上的实木地板，每平方米动辄二三百元，高的能达到四五百元，远高于竹地板的价格。竹地板格调高雅，性能优越，价格比实木地板便宜，能满足消费者既要求高档又要求实惠的心理。

③与复合地板比环保。竹子靠地下竹鞭进行繁殖，年年出笋成竹，生生不息。竹子过了生长期和稳定期后，材质会逐年下降、变脆，因此必须每年进行砍伐。竹地板选用材质最佳的是5～6年生竹子，对环境不会造成影响。因此是一种有益环境的环保产品。

（二）墙面涂料的选购

装修居室墙面时，人们一般都会选用涂料，选用墙纸的较少。随着涂料产品的不断升级换代，不但具有了安全无毒、施工方便、干燥快、保色性及透气好等特点，而且有不同的颜色，人们可根据喜好在不同的房间，如客厅、卧室、厨房等，对颜色进行协调和选择，甚至可用各色颜料自行调配出自己喜欢的颜色。

在选择涂料时，可直观检查的项目有：打开容器用一根木棍搅拌，观察能否搅拌均匀，有没有沉淀、结块和絮凝的现象，若出现以上现象，就可以认为质量不合格。也可以将涂料用食指沾上少许，用拇指捻一捻，如果手感非常细腻，就表明涂料的细度均匀。将少量涂料涂在一块纸板或木板上，用干净且干燥的手指在涂层上擦，根据手指上涂料粒子的多少就可以判断其耐擦性。将所得涂料样板与销售人员提供的标准样板对比，可以判断出涂膜的外观与色差。还有一些性能可以通过认真阅读产品说明书获得。其次，我们还要注意涂料是否符合有害物质释放限量。

此外，应在正规的销售网点购买，因为高档的涂料一般为一次性包装，购买时不可以打开包装挑选，而且许多性能是无法目测检验得出的。正规的销售网点能够保证良好的售后服务，以保证涂料出现质量问题时，不会给消费者造成太大的损失，要选择信誉度较高的品牌，质量才有可靠的保证。

市面上出现了新型的内墙面装饰材料——硅藻泥壁材，由于硅藻泥产品自身零污染，深受众多消费者的热爱。无论是新房装修墙壁，还是旧房改造，选用质量好的硅藻泥产品做墙面，一天就可以干燥，消费者就可以搬入新居。而且它强大的环保功能是其他内墙面装饰材料所无法比拟的。

硅藻泥壁材主要原料是硅藻土，硅藻土的主要成分是硅酸质，这种物质的表面有无数细孔，孔隙率可达90%以上，正是这种突出的分子晶格结构特征，决定了其独特的功能：具有极强的物理吸附性能和离子交换性能。可以又快又好地吸收和分解甲醛、苯、二甲苯、氨、TVOC（烟、臭气等）有害物质，并通过光合作用分离出对人体无害的水和氧气。

有关专家提醒广大消费者，不要轻易相信一些涂料厂商宣传的“无苯”涂料之说。

购买时要认真看清楚产品的质量合格检测报告；观察铁桶的接缝处有没有锈蚀、渗漏现象；注意铁桶上的明示标志是否齐全。购买进口涂料，最好选择有中文标志及说明的产品。非环保型的涂料，由于VOC、甲醛等有害物质超标，一般都有刺鼻的异味，让人恶心、头晕等，因此，如果消费者购买时闻到刺激性气味，那么就需要谨慎选择。

最后，购买涂料时不要贪图便宜，一定要选择知名品牌的产品，这样才能保证自身和家人的使用安全。也不要购买添加了香精的涂料，因为添加剂本身就是一种化工产品，很难环保。

（三）板材的选购

1．人造板材

人造板材一般指人造木质板材，它是家庭装修很常用的装饰材料。那么人造板材怎样选择呢？要注意在选购板材时，检查其是否符合GB18580—2017《室内装饰装修材料人造板材及其制品中甲醛释放限量》中关于有害物质限量要求，即甲醛释放量在气候箱法下要小于0.124mg/m^3；干燥器法下小于1.5mg/L。

在进行选购时，还要注意以下几点：

（1）要检查表面的花纹是否清晰，花纹拼接是否顺畅自然。颜色不能有明显变化，木纹规则、色彩浓淡均匀。

（2）要选花型清晰美观、疤痕较少的。人造板中的砂眼、树节点会影响家具美观。边缘不光滑，多毛刺的不要选用。

（3）从侧面仔细查看它的厚度，人造板是将一层薄薄的名贵木材贴在普通木材上加工而成的，一般为三夹板，即表面一层名贵木材，里面两层为普通木材。人工合成板材的厚度可以从3mm到12mm不等。

（4）看板材正面和反面有无破损，有无拼接明显之处。也要查看整体的平整度。检查夹板侧面，需注意有无断层，检查胶合的严密度。好的夹板层明显，层纹厚薄一致，层与层之间贴合严密。

（5）板材要选用相对干透的。一般从颜色、重量上可以分辨板材的干湿。湿材色浅，干材色深；同样规格的板材，湿材肯定明显比干材要重。

2．大芯板

即细木工板，俗称“大芯板”，是由上下两层夹板夹上小块木条压挤成型的芯材。芯材每块宽不超过25mm，有16mm、19mm、22mm、25mm等几个规格。

大芯板出厂时，应具有生产厂质量检验部门的质量鉴定证书，其中注明细木工板（大芯板）的类别和物理性能指标。背面间距板边30mm处应打上清晰、不褪色的号印，内容包括类别、生产日期、生产厂代号和检验员代号等相关内容。

在选择细木工板（大芯板）时应注意下面几点：

（1）胶层结构稳定，无开胶现象，面板与芯材之间不能出现起泡、分层现象。

（2）选择甲醛释放量低的板材，刺激味越小越好。按GB18580-2017

《室内装饰装修材料人造板及其制品中甲醛释放限量》中的要求，甲醛含量必须≤1.5mg/L。

（3）选择盖有产品标记的板材，标记应为清晰的号印，如果是纸贴的标记，则不是符合国家标准的产品。

（4）抽检芯板条的质量，必要时可以锯开检查。

3．欧松生态板

欧松生态板又名定向刨花板，它的原料是具有环保意义的新鲜速生林，加工成40mm～100mm长、5mm～20mm宽、0.3mm～0.7mm厚的刨片，又经过干燥、施胶、定向铺装、连续热压成型等多道先进工艺制成。作为一种绿色环保的建筑装饰用材料，近年来在世界各国得到迅速发展，20世纪90年代末被引入国内，广泛用于建筑、装饰装修、家具、包装、交通运输等众多领域。

欧松生态板作为一种环境友好型的新型结构板材，代表了人造板和新型建材的发展方向。我国作为一个林木资源相对匮乏的国家，引进工艺先进、绿色环保的欧松生态板并在国内加以推广，符合国家加快发展环保产业以及可持续发展的战略，对低碳经济的发展将起到巨大的推动作用。

（四）木器漆的选购

木器漆是指涂到物体表面能与基本材料很好黏结并形成完整而坚韧的保护膜的物质。在现代家居装修中，木器漆主要使用在木质材料与墙面上，既达到了装饰目的又保护了板材的表面不受腐蚀等伤害。

木器漆种类繁多，目前市面上已有近2000个品种。下面介绍家庭装修中几种常用木器漆：

1．调和漆

是用油料、颜料溶剂、催干剂等调和而成。漆膜有各种色泽，质地较软，具有一定的耐久性，适用于涂刷室内外一般的金属、木材等表面，施工方便，应用最为广泛。

2．树脂漆

又名清漆，漆膜干燥迅速。一般为琥珀色透明或半透明体，色泽光亮。

3．磁漆

是在油质树脂中加入无机颜料制成的。漆膜坚硬平滑，可呈各种色泽，附着力强，耐气候性和耐水性都高于清漆但是低于调和漆。

4．光漆

俗称腊克，由硝化纤维、天然树脂、溶剂等混合制成。漆膜无色、透明、光泽明亮，适用于室内金属与木材门窗、家具表面等，最适合作醇质树脂漆的罩层，以提高漆膜质量，并使之耐热性增强。

5．喷漆

是由硝化纤维、合成树脂、颜料（或染料）、溶剂、增塑剂制成。施工时一般采用喷涂法，故名喷漆。漆膜光亮平滑，坚硬耐久，色泽十分鲜艳，适用于室内金属和木材表面。

选择木器漆时，要选择正规厂家生产的产品，并要具备质量保证书，看清生产的批号和日期，确认为合格产品才进行购买。

在选择木器漆的同时，要注意其是否符合GB 18581-2009《室内装饰装修材料溶剂型木器涂料中有害物质限量》的要求，防止有害物质对身体健康产生影响。

在漆木器家具时，人们常常因为不知道选择什么溶剂做稀释剂而为难，也有人误把酒精、丙酮、汽油甚至煤油相互混合，以为是万能溶剂或稀释剂，这是很不科学的。理想的稀释剂，必须对木器漆有良好的溶解性和分散性，同时，还要对木器漆多种技术指标影响最小。不同类型的木器漆都有相应的稀释剂，严格来说是不能通用的。但是，在考虑某些溶剂的价格、来源、施工安全、环境污染等方面，可把一些常用的溶剂进行调配，来代替不同的稀释剂。

（五）石材的选择

天然花岗石板材是从天然岩体中开采出来，经加工后做成的板材。其特点是硬度大、耐压、耐磨、耐火、耐腐蚀，可用于居家中的各种台面，但价格较贵，自身重量较大，运输极为困难。

天然大理石具有组织细密、坚实、耐风化、色彩鲜明等很多优点，但缺点是价格昂贵，而且表面光泽容易失去。

1．选择天然石材的注意事项

（1）天然石材色泽不均匀，很容易出现瑕疵，所以在选材时要尽量选择色彩协调的，分批验货时还要逐块比较。

（2）由于开采工艺复杂，往往又要进行长途运输，所以大幅面的石材很容易出现裂缝，甚至断裂，选择石材时也要注意细心观察。

（3）可以用手感觉石材表面的光洁程度，看看石材的几何尺寸是否标准，检查纹理是否清晰。

2．选择天然饰面优质石材的注意事项

作为天然产品，大理石、花岗岩在颜色、花纹、质地上都有较多变化，这就给我们的选择提供了很多余地，天然石材饰面板的标准厚度是20mm。但厚度为12mm～15mm的成形板材用量亦日趋增多，最薄的竟达到7mm。选择天然优质石材时，建议应采取以下几种方法：

（1）让厂家（商家）提供一块小样，并带走小样（行内的人称之为封板），以便在提货时进行对比，检查颜色与花纹及质地是否与小样一致。提货时最好逐块查验，避免出现明显色差。

（2）注意石材的反光度。上等的饰面石材反射率应在95%以上（参照物为玻璃镜，反射率100%），一等品的反射率在70%～95%之间。用户在选择时一定要注意到石材的反射率，以便选择理想的石材。

（3）注意石材的规整度。把石材水平地放在地上，检查是否有翘曲现象，并细致地检查四边的规整度，避免铺石材时出现不规整的现象。

（4）注意石材的四周规格。把几块石材叠放一起，观察它们厚度是否一致，四周规格是否一致。标准厚度差可在±1mm，周边宽度差±1mm。

3. 大理石与花岗石的区别

越来越多的家庭在进行地面、台面装潢时，会首选大理石和花岗石。那么，大理石和花岗石之间有什么区别呢？

大理石因盛产于云南大理而得名，大理石主要由石灰岩、白云岩等经变质作用而形成，由于它的细晶粒的结构，所以抗压强度高，吸水率小，易清洁，质地细致，放射性也比较低，是一种高档的室内地面、墙面装饰材料。虽然大理石在环境中很快会和空气中的水分、二氧化碳起反应，表面失去光泽，变得粗糙，但仍不失为一种良好的装饰材料。花岗石的主要矿物成分是长石、石英和云母，其结晶结构致密、强度高、孔隙率小，耐磨，抗冻性能好，还具有抗风化，抗腐蚀，色泽美观等特点。家庭地面采用花岗石装修能使房间显得高贵、典雅，但它的价格也较贵。

4. 石材的放射性

许多有关大理石有放射性的说法，让很多人在选购建材时心里犯难。但是有关专家认为天然大理石有较高的放射性的说法实际上是一种误解，大理石是由沉积岩中的石灰岩经高温高压等外界因素影响变质而成的，主要由方解石和白云石颗粒组成，检测结果表明，方解石和白云石的放射性都是很低的，所以大理石的放射性也是很低的，完全可以放心选用。

专家认为，那些被检测出有较高放射性的大理石很可能是人造大理石。由于人造大理石加工过程中运用了高放射性和含有有害气体的黏合剂等，这种石材可能存在高放射性和有害气体。用户在与设计师沟通设计方案时，要注意放射性超标石材的用量问题。最后，应选择符合GB 6566-2010《建筑材料放射性核素限量》的石料。

（六）防水材料的选购

建筑防水工程可分为室内、室外两种。防水材料工艺又分为刚性防水材料和柔性防水材料两种。以下着重谈一下室内防水如何选择防水材料。

室内防水工程，主要是指厨房、卫生间及阳台等部位的施工。室内防水工程一般可选用柔性涂膜防水材料。涂膜防水的优点是施工快捷、受限制少、工期较短等。

由于防水材料质量的优劣会直接影响到楼下及邻居的安全，所以在选购防水材料时要注意以下几点：

1．检查外包装上的标志

制造厂名、产品名称、标记、长度、宽度、面积、重量、批号及检验合格证或合格标志。

2．索要产品合格证

要向商家索要材料产品合格证书、检验报告及使用方法说明书。不能贪图便宜，购买伪劣产品，最终受害的只能是自己。

（七）黏合剂的选择

1．黏合剂的分类

（1）天然黏合剂

包括动物胶，如皮胶、骨胶；植物胶，如天然橡胶、天然树脂等，其中植物胶较为常用。

（2）合成黏合剂

包括树脂黏合剂，如环氧树脂、聚氨酯、丙烯酸酯、乙烯类聚合物等；橡胶黏合剂，如氯丁橡胶等；还有混合的橡胶，如树脂黏合剂等。

2．装饰工程中使到的主要黏合剂

（1）聚醋酸乙烯黏合剂

即白乳胶，主要用于木材的黏接。这是一种醋酸乙烯单体的聚合物，能在水中乳化，水分蒸发后就能胶合，操作安全，无毒、无腐蚀，常温下固化速度很快，有较好的早期黏合强度。由于稳定性好，可存放一年左右。黏度还可以自由调节，缺点是耐水、耐热性差。

（2）801胶

主要用于墙纸、墙布的黏接。它是聚乙烯醇与甲醛缩和后经氨化而成。耐磨性、剥离强度及其他性能均优于107胶，毒性也较小。

（3）聚氨酯黏合剂

主要用于装饰中的塑料地板的胶接，也可用于钢、铝、玻璃、陶瓷等的胶接。它的胶接强度高，胶膜坚韧、柔软、耐冲击、耐振性好，而且耐水、耐油。缺点是耐热性较差，有一定毒性。

（4）环氧树脂黏合剂

主要用于塑料地板的胶接，对金属、玻璃、陶瓷、橡胶、竹、木等都有较好的胶接性能。它的胶合力好、强度高，化学稳定性好，不受酸碱腐蚀，耐溶剂好、耐油、耐潮湿、耐低温、耐高温。缺点是脆性大，初黏强度较低，有一定毒性。

（5）橡胶黏合剂

主要用于装饰中塑料地板、橡胶类制品的胶接，它的胶合力好、胶接强度高，初期黏力大。缺点是耐热性较差，有一定刺激性。

3．选择黏合剂的要点

（1）注意黏结对象

应根据所需黏结材料的种类、性能、大小和刚度等特性选择相应的黏合剂，一般要求黏结材料的性质应与黏合剂性质相近。

（2）注意黏结环境

应根据黏结施工的条件选择相应的黏合剂，因为气候、光、热、水分、真菌等因素都会严重影响黏结强度。

（3）注意经济性

要尽量使用低价格产品，实现性能与消费的均衡。

（4）有针对性

根据使用部位有针对性地选用，避免选用万能胶。

①通风道或金属、木材等高温环境不宜采用普通水泥基黏结剂的，应选用膏状建筑胶黏剂或柔韧性水泥砂浆。

②对于液体类和膏状胶黏剂除了考虑其物理性能指标外，还应检查其环保性能，是否含有甲醛、甲苯、二甲苯等有害物质，但是粉状胶粘剂基本不用考虑环保性能，因为甲醛、甲苯、二甲苯等有害物质不会存在于干粉料之中。

（八）瓷砖的选购

瓷砖在家庭装饰装修中应用极为普遍，其质量好坏对施工和使用效果都有较大影响。质量差的瓷砖，施工时难以切割，易碎裂；用水泥粘贴后，时常由于水泥干燥收缩而破裂；有的瓷面会剥落；劣质瓷砖铺在灶台上，因使用中温度变化大而导致破裂。所以，在购买瓷砖时应掌握以下技巧进行选择鉴别：

1．听声音

用手轻敲砖面，听其声响，声音坚实，是优质砖；声音“笃笃”不实的，极可能是劣质砖。

2．检查几何尺寸

几何尺寸是否准确也是判断瓷砖优劣的关键。用卷尺量一量砖面的对角线和四边尺寸和厚度，看其是否均匀。

3．比较色差

可以随机开箱抽查几批，放在一起逐一细致的比较。有很细微的差别是正常的，如果十分明显则不宜购买。不同生产批号的瓷砖一般都会有色差，所以最好一次将数量买够，否则以后配色就难求一致了。

4．水浸试验

将瓷砖浸入清水中，砖面没有发生任何现象者，是优质砖；砖面冒起小气泡，并发出“哧哧”声响者，是次品；冒气泡越多，甚至冒出成串气泡线，冒泡处有头发丝样的小纹路，周围逐渐变黑者，为劣质砖。

针对不同种类的瓷砖，也有不同的挑选方法：

挑选玻化抛光砖时，完成声音检查后，还要检查是否有边角缺损和色差、砂眼等。同样重量质量好的玻化砖从侧面看砖体比较薄、亮度比较高。最后还要看它的吸水率，可以用水滴在瓷砖的背面，数分钟后观察水滴的扩散程度。瓷砖不吸水，即表示吸水率低，品质较佳；而亚光砖的选购方法比较简单，相同尺寸的砖，重的要比轻的好。好砖的手感细腻、光滑，而不好的砖，表面粗糙，完全可以凭手感觉得到。

此外，市场上流行的仿古砖，也有其特殊的选购方法：用铁钉在砖的表面划一下，质量好的砖不会留下痕迹。但注意不要拿钥匙划，因为它含有铝，会产生反效果。

（九）壁纸的选购

怎样才能买到称心如意的壁纸呢？首先要考虑的是所购壁纸是否符合健康环保的要求，然后看质量性能指标是否合格，为此建议消费者在选购时采取“看、摸、擦、闻”。

1．看

是否存在色差、死折、气泡，图案是否精致而且有层次感，色调过渡是否自然，对花准不准。好的壁纸一眼看上去就会令人觉得自然、舒适且立体感强。最后要看是否有符合国家标准的检测报告。

2．摸

用手触摸壁纸，感觉其图层表面是否协调以及左右厚薄是否一致。

3．擦

用微湿的布稍用力擦纸面，如出现脱色或脱层就说明质量不好。

4．闻

闻一下墙纸是否有异味，如气味较重则甲醛、氯乙烯单体等挥发性物质含量较高，应放弃购买。

（十）灯具的选购

由于现代工业的发展和制造技术的不断进步，灯具的种类和形式日新月异。这就要求我们在挑选灯具时要注意以下几点：

1．灯具的造型要与居室风格相协调

灯具的选择要依据居住条件、装修风格来确定，中国古典风格的装饰装修应选用古色古香的灯具，西式装饰装修应采用新型的较现代的灯具，田园风格的装饰装修则应尽量选用木制的、竹编的工艺灯具。灯具的质地应能增强室内的主体气氛，如果是中式风格的客厅，千万别用水晶吊灯之类灯具，否则极不协调。

2．灯具色彩要服从整个房间的基调

因为灯具色彩引人注目，所以一定要注意灯具的灯罩、外壳以及灯光的颜色与墙面、家具、窗帘的色彩是否协调一致。其实灯光也跟颜色一样可以调配，有效应用灯光的色彩可以促进和突出室内某种色彩的作用。

3．挑选灯具要注意实用和安全

大的客厅可以多采用一些时髦的灯具，以突出豪华的气质，如三叉吊灯、花饰壁灯、多节旋转的艺术灯、落地灯等。如面积较小，则不要装过于豪华繁杂的灯具，否则会增加拥挤感。层高低于2.8m的房间，不宜装吊灯，只能装吸顶灯。挑选灯具要符合安全要求，劣质的灯具，容易损坏或者容易漏电，这样的灯不宜购买。买灯具要认清商标，到有信誉的商家购买。另外，灯泡功率也不能过大，以免某些用易燃织物制作的灯罩碰到大功率灯泡发热而诱发火灾。

4．注意挑选环保型照明灯具

一般居室照明都有相应的照度标准，我们在选择灯具时一定要根据不同的功能要求，按照度标准进行选择。在采取整体照明与局部照明相结合的方式时，尽量不要为达到某种不必要的装饰效果而任意增加灯具数量或功率，以免造成浪费。另外，我们还提倡选择节能型光效高的环保型灯具以及绿色光源等新型照明方式。这些灯具和照明方式不但能使视觉舒适，提供柔和、清晰的光环境，还能够有效节能，真正达到环保低碳装修的目的。

安装时还应注意灯具的悬挂高度、安装位置，尽量避免直射、眩光和二次反射光等，否则容易造成人视觉疲劳、心率过速，甚至引发心脑血管等疾病。总之，照明设施应在创造光影色彩的同时充分考虑人的身心健康。

（十一）洁具的选购

家居卫生洁具设备由坐厕、洗面盆和浴缸三大件组成。具体选购时主要考虑以下几个方面：

1．颜色协调一致

卫生洁具的坐厕、洗面盆、浴缸三大件的颜色样式尽量保持协调一致；与卫生间的地砖、墙砖色泽要合理搭配。洗面盆龙头和浴缸龙头最好选择同一品牌，同一款式，以突出对称的完美感。龙头最好选择陶瓷阀芯的，因为陶瓷阀芯的龙头比橡胶芯的耐用且不漏水。

2．价格经济实惠

选择洁具时应先对各种洁具进行一定了解，然后依据自己的标准及经济能力选购合适的洁具。既不可贪图便宜，也不能盲目追求高档。

3．节水环保

坐厕的节水很重要。首先是坐厕的冲水和排水系统的质量，其次是水箱设计的质量状况。

4．质量保证

由于卫生洁具多为陶瓷制品，选购时要认真观察洁具在运输过程中是否出现破损、裂口、缺角等问题。

5．检查外形

彩色卫生洁具要仔细检查漆面喷涂是否均匀，有无漏喷或混色现象。高品质的陶瓷洁具釉面光洁，没有针眼或缺釉现象，敲击会发出清亮的声音，而劣质产品一般釉面有较多针眼和缺釉，甚至外观有轻度变形，如坐厕放在地面上会左右摇晃等；商标印得较模糊不清，敲击时会发出沉闷的声音等。

6．现场试用

对于附设机械设备的洁具，如按摩浴缸发电机等都要热启动几次，最好现场试用一下，听听发动机的声音，观察一下是否会出现发烫、振动等现象，最好请厂家的专业技术员负责上门安装、调试。

第七章　室内设计的节能及污染防治

第一节　把握室内设计的节能环节

我国是耗能大国，能耗消费总量排在世界第二。虽然资源丰富，但是由于人口基数大，人均能源占有量仅为世界平均水平的40%。目前建筑能耗已占到全社会总能耗的50%左右。针对目前能源形势严峻，长时期内难以缓解的状况，为了使国民经济持续、稳定、协调发展，提高环境质量，能源节约已刻不容缓。

建筑能耗高、能效低，建筑用能造成污染严重是实现建筑业可持续发展面临的一大问题。我国95%左右的建筑都是高耗能建筑，单位建筑面积的能耗已相当于相同气候地区发达国家的2～3倍。与发达国家相比，我国单位建筑面积钢材消耗高出10%～20%，每立方米混凝土多消耗水泥8kg左右。

随着我国经济快速稳定发展和人民生活水平的提高，追求居住环境的舒适和节能成了人们的需求，节能建筑采用了成套的节能技术措施，如适当控制建筑的外表面积与实际体积的比值；采用墙体保温、屋面保温、中空双层玻璃窗、保温门和节能空调等，改善了散热的围护结构，提高了建筑热环境的质量，供热系统的热效率也得以充分提高，既节约了能源，又降低了房屋的使用成本，住户也从中得到实惠。

中华人民共和国住房和城乡建设部编制的《建筑节能工程施工质量验收规范》于2007年10月1日颁布实施。这是我国第一次把节能工程明确规定为建筑工程的一项分部工程，也成为我国建筑装饰节能减排的指导性文件。

建筑节能一般分为两部分：一是建筑本身的节能，如建筑的设计、结构和材料等。二是建筑的装饰装修上的节能，一方面通过推广一次性住宅装修，可以逐步实现家庭装修工厂化、装配化、批量化，达到装修中的节能、节材和环保要求，目前，为贯彻《建筑节能工程施工质量验收规范》，要求在装修中不能破坏已有建筑的节能结构与设施。另一方面，可以通过装饰装修对一些本身不具备节能功能的既有建筑进行节能改造，为这些房屋增加节能功能，提高建筑的能源利用率，减少能源的消耗。

根据对部分采用节能装修的居民抽样调查得到的反馈，采用建筑保温隔热材料的住宅，居民启用空调制冷送暖期比未采用外墙保温材料的住宅至少会减少两个月，且每天运行期间短、耗能少，节能达到30%以上。

采用太阳能热水器。以太阳能集热为主，电加热为辅，不但可以保证热水供应，而且每户可年均节电约860kW·h，可节省费用400余元。

地板辐射采暖具有冬季地板采暖舒适、夏季空调方便调控、蓄热性好、绿色环保等特点。更重要的是与传统采暖方式相比，能节能20%～30%。

普通住宅建筑通过装修采用特殊墙体。既保温又隔热。夏季室内温度比普通建筑约低2～3℃，冬季室内气温比普通建筑高4℃以上。

装修节能住宅的综合效益明显，节能和优化相结合，每年可以节约费用50%以上。

一、装修节能要注意的主要环节

（一）设计要合理

设计是节能的前提，只有从设计抓起，节能才能有的放矢。

设计的节约是最大的节约，设计的浪费是最大的浪费。室内设计要体现“经济适用、低碳、美观”的原则，室内设计师必须遵守《中国室内设计师专业守则》。要坚决克服目前业内普遍存在的不分场所、不分对象、不顾条件、忽视功能、盲目攀比、照抄照搬、追求所谓豪华的浮躁习气与奢侈浪费现象。

（二）费用要合适

装修时要选择使用价格不高但质优且环保的复合地板和智能化节能产品；尽量避免不必要的灯光设施；引导使用节水型坐便器、感应龙头等节能设施；用捷径布置线路；水管使用保温层……将科学节约的理念融入设计中，可以节约20%左右的装修费用。

（三）施工要专业

在施工方面。家庭装修应当尽量采用工厂化、标准化、拼装化、专业化的施工。这样可以减少消耗，损耗率能控制在2%以内，使装修费用降低10%以上。

二、重点注意节能的方面

1．防寒保暖隔热

（1）安装密闭保温效果好的防盗门。

（2）在外门窗口加装密封条。

（3）尽量选择布质厚密、隔热保暖效果好的窗帘。

（4）不包暖气罩，不在暖气旁边放过多家具。

（5）不破坏原有墙面的内保温层。

（6）为西向、东向窗户装上可以活动的遮阳装置。

（7）将单玻璃的普通窗子，改造成中空玻璃断桥塑钢窗。

（8）阳台改造与内室连通时要在阳台墙面顶面加装保温层。

2．节水

（1）安装节水龙头。

（2）厨房台面安装双台盆。

（3）在厨房和浴柜等处的水龙头下面安装流量控制阀门。

（4）尽量缩短热水器与出水口的距离。

（5）热水管道要进行保温处理。

（6）选择双控节水马桶。

（7）浴缸应与淋浴配合使用，或使用节水浴缸。

（8）尽量在卫生间安装男用小便器。

3．节电

（1）选择节能灯具。

（2）卫生间安装感应照明开关。

（3）尽量不去选择太繁杂的吊灯。

（4）灯具尽量能够单开单关。

（5）合理设计墙面插座，尽量减少连线插板。

（6）选择使用节能的家用电器。

（7）不宜安装频繁插拔的插座，应选择有控制开关的插座。

（8）有条件尽量使用太阳能热水器。

三、装修要点及可能存在的安全隐患

在现实生活中，有的消费者对于居家装修了解不是很多，经常坚持要求按自己的想法施工，结果蒙受金钱和精神上的双重损失。对此，专业装饰公司设计师表示，装饰装修作为改变居家风格打造舒适美观居家的途径之一，一定要合理进行，不能为了审美及自身享受对居室进行随意装修而给居家生活带来不便。

1．地面装修

过重的地面装修容易使房屋出现安全隐患，因此在进行居家地面装修时，所选的材料应符合地面装饰材料的重量标准，以厚度不超过2cm，重量不超过40kg/m^2为宜。

2．阳台装修

阳台装修的不合理设计主要针对它的窗下墙。为了开拓室内空间增加采光，很多人将阳台的窗下墙进行拆除，却在不知不觉中走进了装修误区。阳台、圈梁及窗下墙三者自成一体，缺一不可，如果将窗下墙进行拆除，非常容易在间接上对阳台的承重能力造成影响，后期可能发生阳台坠毁、掉落等情况。

3．管线安装

在装饰装修中，对燃气、电气、水路管道改造时，一定要根据安全规范标准进行设计，同时在材料使用上应以符合标准规范的材料为准，真正做到细致入微。

4．墙体拆改

装修时，对墙体进行随意拆改和打孔是最需要注意的问题。受房屋的结构及整体布局影响，假如随意对墙体进行拆改，容易在无形中降低墙体的承重能力，对居家安全造成极大的威胁。

5．高层防护栏安装

高层住户在装修时难免要安装护栏，护栏虽能对防盗起到一定的防患作用，但是居室出现火灾、地震时却也对逃生造成了一定的阻碍。因此在进行护栏安装时，可在护栏上开一个小门，日常加锁，既能防盗，又为安全做好了十足准备。

6．家具摆放

装修后进行家具摆放时，应避免大型家具、吊柜、电器等摆放过于密集，且在安装时需做到摆放平稳连接稳固，以免出现大型家具倾倒伤人的情况。

那么，应该怎样摆放家具才能够安全且舒适呢？一些设计师认为，家具的摆放不但要考虑家居设计的美感和搭配组合，更重要的是考虑是否对日常的居家生活有影响。一般要注意两个问题：第一，睡床的摆放应该远离比较高大的家具，重物、储物柜不要零散，更不要搁置在高处，以免不慎跌落或倾倒对人造成伤害；第二，玻璃、金属、实木等一些棱角分明、质地坚硬的家具，摆放的时候一定要与过道之间保留足够的空间，以防家中老人或小孩不小心滑倒时撞伤。

7. 悬挂装饰物

对于居家而言，悬挂过重的装饰物其实也是家居生活中常见的安全隐患。例如水晶灯柱状、钉状、球状形式各样的配件非常多，整体砸落或局部脱落的危险都十分大，虽然美观但却在无形中对居家造成安全威胁。专家指出，地震发生时，高层的住宅会产生“鞭端效应”，也就是说底层只要稍微动一下，处于高层阶段的就会产生相对于底层更加剧烈的震动。因此，在装修时要规避与减弱地震等某些自然性灾害对我们所带来的危害，尽量减少吊顶和悬挂物，如果一定要安装重型装饰物，则从安装到摆放都需要格外注意，避开床及座椅上方，以免装饰物因过重而坠落导致人身伤害。

第二节　注重室内设计的节约事项

对房屋进行装饰装修，必须防止因大改大拆、野蛮施工或选材与施工不当造成安全、环保与质量事故带来的返工浪费。装修公司要适应当前新的发展形势，提高技术水平，优化组织形式，改变粗放式经营，积极探索和推行现代化的施工方法，以提高工程质量与效率，降低材料损耗与浪费，坚决杜绝对环境的污染与破坏。“精装修”房要改进经营方式，以更好地适应不同消费层次和爱好的消费者的需求，竭力防止目前普遍存在的“二次装修”对社会资源造成的浪费。

在装修房屋时，必须杜绝以下浪费现象：

1. 卫生间和厨房里的洁具、便器、房间的电器开关、插座、灯具的拆换和一些家庭的暖气片的拆除更换的浪费。

2. 由于不计入装修工程费，长明灯、长流水以及电动工具和大电炉的能源消耗特别重要。

3. 装饰公司管理不严，施工工人在施工中为了增加销售量而故意浪费等。

4. 一些消费者购买精装修房以后，由于装修的质量和设计问题而进行二次装修的拆除和改造造成的浪费。

5. 二手房装修或者消费者在进行二次装修时，一些明明可以重复使用的材料被废弃造成的浪费。

另外，还有一些消费者盲目追求过度包装、华而不实的豪华装修造成的材料、能源和资源的浪费。

第三节　室内设计装修后的潜在污染治理

很多人都希望自己的房间美观、豪华，但大部分人不知道，越豪华的装修，所用的装修材料就会越多。在众多的装修材料中，把关稍有疏忽，一些有害物质就会侵入你的家居，伤害你和家人的健康。

有人认为，装修后的房间气味不大就是安全的。其实不然，房间装修完感觉气味不大有几方面原因：一是冬季有害气体释放量相应较低；二是冬季由于呼吸系统的刺激，人的嗅觉器官相对迟钝，还有的室内有害气体是无味的，如氡等。也有人刚进入室内感到有些异味，时间长了就闻不到了。其实不是异味消失了，而是我们的鼻子在欺骗我们。要知道有时低浓度长时间的危害比刺激性浓烈气味的危害更大，所以最好依据权威检测结果来判断。

因此，装修完之后，应当保持室内空气流通，让材料中的有害气体充分散发一段时间，不要在通风不好的新装修的房间里过夜。

一、人造板的种类及主要污染物

目前我国装修时使用的木材按材质分类可分为实木板和人造板两大类。除了地板和门扇会使用实木板外，一般使用的板材都是加工出来的人造木板，简称人造板。人造板是指以木材或其他纤维材料（如甘蔗秆）为原料，经机械加工分离成各种形状的材料，经过组合后加入胶黏剂压制而成的室内装饰装修板材。人造板与天然木材相比，不但具有节约和充分利用自然资源的特点，而且具有价格实惠、板材幅面大、变形小、表面平整光滑等优点，所以成为一种被大众普遍认可的好材料。目前市场上常用的人造板材由于作用和制作方式不同，主要分为以下几种类型：

（一）纤维板

是将树皮、刨花、树枝干、果实等植物纤维，经粉碎浸泡、研磨成软木浆，再经湿压成型、干燥处理而成的人造板。

（二）胶合板

将原木经蒸煮软化后沿年轮切成大张的薄片，再经过干燥、处理、涂胶、组坯、热压、锯边等一系列工序制成的人造板。胶合板木片层数应为奇数，胶合时应使相邻木片的纤维互相垂直。

（三）复合木地板

通称强化木地板。是以一层或多层专用纸浸渍热固性氨基树脂，铺装在刨花板、高密度纤维板等人造板基材表层，背面加平衡层，正面加耐磨层，经热压成型的地板。

（四）细木工板

俗称大芯板，是由上下两层夹板夹住中间小块木条黏压拼接而成的人造板材。是装修中最主要的材料之一。其防水防潮性能都优于刨花板和中密度板。

（五）刨花板

又称碎料板，是将木材加工剩余物、小径木、木屑等物切削成一定规格的碎片，经过干燥，拌以胶料、硬化剂、防水剂等，在一定温度、压力下压制成的一种人造板。

（六）饰面板

全称为装饰单板贴面胶合板，它是将天然木材或科技木刨切成一定厚度的薄片，黏附于胶合板表面，然后热压而成的一种用于室内装修或家具制造的表面材料。

这些板材是目前室内装修和制造家具的主要材料，而它们最大的隐患就是有可能甲醛释放量超标。

二、石材瓷砖的污染

（一）石材

天然石材的使用从古至今已有几千年的历史了，随着人们生活水平的提高，天然石材的应用越来越广泛，已经从公共建筑领域普及到了千家万户，其价值和功用已从简单的建筑材料转变为目前普遍使用的装修和装饰材料。

目前市场上销售的天然石材种类繁多，大致可归纳为大理石、花岗石、板石和砂岩石四种。而使用最为普遍的是花岗石和大理石。

花岗石来源于火山的喷发，其颗粒、结晶状态、花色等都比较均匀，也较为坚硬，具有较高的抗压、抗弯强度，常用于室内地面和台板装饰装修。

大理石来源于沉积岩和变质岩，具有密度高、色泽纯正等特点，加上其具有不同色彩的条纹和图案，使其尽显高雅和华丽，常为高档建筑及酒店的大堂、电梯间所采用。

板石也是天然石材的一种，目前我国开发的板石有50多种，广泛用于室外装饰和庭院装饰。近几年，随着家庭装修热的兴起，一些家庭把它搬到了室内，客厅里的文化墙，卧室里的假壁炉，阳台上的花台，卫生间里的洗面台和地面，都可见板石的身影。堪称家庭装修的新宠。但是板石的放射性比花岗岩和大理石要强，是国家规定的B类标准的天然石材，如果不经检测，盲目使用，可能造成对人体的伤害。

天然石材放射性核素对人体的危害有内辐射与外辐射之分。

1．体内辐射

体内辐射主要由于放射性辐射在空中分离出电离辐射以后，以食物、水、大气为媒介，摄入人体后自发衰变，形成的一种放射性物质氡及其子体，被人吸入肺中，对人的呼吸系统造成伤害。

2．体外辐射

体外辐射主要是指天然石材和瓷砖中的放射性核素如镭、钍等在衰变过程中，放射出电离辐射α、β、γ射线直接照射到人体，从而对人体内的造血器官、神经系统、生殖系统和消化系统造成损伤。γ射线的穿透力很强，它会穿透人体并和体内细胞发生碰撞，破坏人体的淋巴细胞，从而降低人的免疫力。

（二）瓷砖

目前，陶瓷墙地砖作为装饰材料的一种，应用十分广泛。墙地砖可在建筑物外墙使用，也可在室内外地面装饰，所以才被称为墙地砖。

2005年7月，国家有关部门公布了陶瓷砖产品的抽查结果，合格率仅为75.8%，主要质量问题集中在放射性核素含量超标严重上。有关室内环境专家提醒消费者，建材中的一些放射性物质会对人的造血系统、神经系统、生殖系统和消化系统造成损伤，并引发类似白血病等慢性放射病。

三、涂料及胶黏剂的污染

（一）溶剂型木器涂料

溶剂型木器涂料大致可分为两类：一类是含羟基聚酯与含异氰酸酯预聚物

的双组分聚氨酯树脂涂料，具有代表性的“685”聚氨酯树脂涂料是在国内家具涂料品种中生产量最大、生产厂家最多、应用面最广泛的品种；另一类是以含羟基的丙烯酯共聚物为主要组成成分，甲基二异氰酯与三羟甲基丙烷的加成物为另一组分的双组分聚氨酯树脂涂料，俗称“PU”聚酯漆。

溶剂型木器涂料种类繁多，比较常用的有：醇酸、酚醛、硝基、聚氨酯（PU聚酯）漆等。目前家庭装饰装修中最常使用的是聚氨酯树脂漆。但是在我国的中西部地区，尤其是农村，醇酸调和漆的使用仍占重要的地位。

木器漆影响人体健康的有害物质主要为具有挥发性的有机化合物、苯、甲苯和二甲苯、游离甲苯二异氰酸酯，以及可溶性铅、镉、铬和汞等重金属。

1．挥发性有机化合物

挥发性有机化合物（VOC）会对环境产生污染并加大室内有机污染物的负荷。严重时会引起头痛、咽喉痛等症状，危害人的身体健康。

2．苯、甲苯和二甲苯

苯被国际癌症研究中心确定为高毒致癌物质，故对其含量应该严加控制。甲苯和二甲苯主要会影响中枢神经系统，二者化学性质相似，在涂料中常相互取代使用，对人体的危害则会叠加起作用，因此，对涂料中的甲苯和二甲苯含量必须做总量控制。

目前涂料生产企业已很少再用苯作为溶剂使用，木器涂料中的苯主要是作为杂质由甲苯和二甲苯带入，苯含量的高低与甲苯和二甲苯的生产工艺直接关联，如从石油中提炼的甲苯和二甲苯中苯含量较低，而从煤焦油中提炼的则较高。

3．游离甲苯二异氰酸酯

甲苯二异氰酸酯（TDI）是一种毒性很强的吸入性毒物，会在人体中逐渐积聚和潜伏，又是一种黏膜刺激性物质，对眼睛和呼吸系统具有很强的刺激作用，会引起过敏性哮喘，严重者会引起窒息等，因此对其含量应进行严格控制。

4．可溶性铅、镉、铬、汞等重金属

铅、镉、铬、汞是常见有毒污染物，对人体有明显危害。过量的铅能损害人体的神经、造血和生殖系统，尤其对儿童的危害更大，可影响儿童生长发育和智力的发展，因此，铅污染的控制已成为世界关注的焦点。长期吸入镉尘会损害肾或肺的功能。汞的慢性中毒主要影响人的中枢神经系统。

涂料中的重金属主要来自着色颜料，如红丹、铅铬黄、铅白等。而且，由于无机颜料通常是从天然矿物质中提炼并经化学物理反应制成，因此难免夹带微量的重金属杂质。

木器涂料中有毒重金属对人体的影响主要是通过木器在使用过程中干漆膜

与人体的长期接触，如果不慎误入口中，其可溶物将对人体造成危害。

医学研究证明，目前装修工人受油漆和胶黏剂中有害物质的危害最大，特别是从事装修的油漆女工，对苯和苯系物的吸入反应格外敏感，当室内空气每立方米苯浓度达5mg时就会导致妇女的月经异常率明显增高。妊娠期妇女长期吸入苯会导致胎儿发育畸形甚至流产。

（二）内墙涂料

装修中常用的内墙涂料俗称内墙乳胶漆，学名叫作合成树脂乳液内墙涂料，是以合成树脂乳液为基料，与颜料、填料研磨分散后，加入各种助剂配制而成的涂料。具有色彩丰富、施工方便、易于翻新、干燥快、耐擦洗、安全无毒等特点，现已成为居室装修的主体墙面材料之一。

居室内墙常用涂料可分为四大类：

（1）低档水溶性涂料

水溶性涂料是将聚乙烯醇溶解在水中，再加入颜料等其他助剂而成的。该类涂料具有价格便宜、无毒、无臭、施工方便等优点。虽然用湿布擦洗后总会留下些痕迹，耐久性较差，易泛黄变色，但因其价格便宜，施工十分方便，目前在中低档居室或临时居室内墙装饰时消耗量仍然很大。

（2）乳胶漆

这是一种以水为介质，以丙烯酸酯类、苯乙烯、丙烯酸酯共聚物、醋酸乙烯酯类聚合物的水溶液为成膜物质，加入多种辅助成分制成的，其成膜物是不溶于水的，涂膜的耐水性和耐候性比低档水溶性涂料大大提高，湿布擦洗后不留痕迹，但由于目前色彩较少，再加上宣传力度不够，价格又比较高，所以尚未被普遍使用。乳胶漆在国外使用十分普遍，是一种很有前途的内墙装饰涂料。

（3）多彩涂料

这是目前十分流行的涂料，该涂料的成膜物质是硝基纤维素，以水包油形式分散在水中，一次喷涂就可以形成多种颜色花纹。

（4）仿瓷涂料

这是近年来出现的一种涂料，其装饰效果细腻、光洁而淡雅，价格不高，只是施工工艺繁杂，耐湿擦性也较差。施工及使用过程中能够造成室内空气质量下降并有可能会影响人体健康。

内墙涂料所挥发出的有机物经呼吸道吸入能引起人眩晕、头痛和恶心等症状，对眼和鼻有刺激作用，严重时可引起气喘、神志不清、呕吐和支气管炎等。

内墙涂料中有毒重金属主要通过内墙涂料在使用过程中的干涂膜与人体接

触，如误入口中，它的可溶物将对人体造成危害。水性内墙涂料不会使用苯作为原料，有时有可能以杂质的形式带入。在内墙水性涂料中，无论是苯还是甲苯、二甲苯，含量都极其微小，相对于其他装饰材料来说，对人体造成的危害是可以忽略不计的。

（三）胶黏剂

胶黏剂广泛应用在室内装饰装修的各个环节中，是室内装饰装修工程必不可少的材料。胶黏剂的分类方法很多，按照形态分类可分为水溶型、水乳型、溶剂型以及各种固态型。其中用量最大的是溶剂型氯丁橡胶胶黏剂（俗称万能胶）、溶剂型丁苯橡胶（SBS）胶黏剂和水基型聚乙酸乙烯酯乳液胶黏剂（俗称白乳胶）。

胶黏剂中的溶剂主要用于降低胶黏剂黏度，使胶黏剂有好的浸透力，改进工艺性能。常用溶剂包括苯、焦油苯、甲苯、二甲苯、汽油、丙酮、乙酸丁酯等，其中苯、甲苯及二甲苯的毒性较大。装修中胶黏剂对周围空气的污染是相当严重的，在使用时会挥发出大量的有机污染物，长期接触这些有机物会对人的皮肤、呼吸道以及眼黏膜有刺激，引起接触性皮炎、结膜炎、哮喘性支气管炎以及一些变态性疾病。

胶黏剂在使用过程中有游离甲醛以及挥发性有机溶剂（苯、甲苯、二甲苯等）挥发出来。其超量释放的有害气体会影响施工人员的健康，而缓慢释放出的有害气体将给住进新装修居室的人们带来长期的影响，所以必须对胶黏剂中挥发出的有害物质加以严格限制。

四、壁纸的污染

壁纸在美化了居住环境的同时也会对居室内的空气质量造成不良影响。壁纸装饰对室内空气的影响主要来自两方面：一是壁纸本身的有害物质造成的影响；另一个是在施工过程中由于使用胶黏剂和施工工艺不当造成的室内环境污染。

（一）壁纸本身的有害物质

由于壁纸的成分不同，影响也不相同。天然纺织物墙纸尤其是纯羊毛壁纸中的织物碎片是一种致敏原，可导致人体过敏。一些化纤纺织物型壁纸可释放出甲醛等有害气体，污染室内空气。塑料壁纸由于其美观、价廉、耐用、易清洗、寿命长、施工方便等优点，发展非常迅速，使用不断普及。这种壁纸在使用过程中，由于其中含有未被聚合的单体以及塑料的老化分解，也会向室内释放大量的有机物，如甲醛、氯乙烯、苯、甲苯、二甲苯、乙苯等，严重污染室内空气。久而久之，就会使居民健康受到损害。

壁纸在生产加工过程中由于原材料、工艺配方等原因可能残留铅、钡、氯乙烯、甲醛等有害物质。其中甲醛、氯乙烯单体等挥发性有机化合物会刺激人的眼睛和呼吸道，造成肝、肺、免疫功能异常；壁纸上残留的铅、镉、钡等金属元素的可溶物将对人体皮肤、神经、内脏造成危害，尤其是对儿童身体和智力发育发展有较大影响。2001年12月10日颁布了《室内装饰装修材料壁纸中有害物质限量》强制性国家标准，对壁纸中钡、镉、甲醛等10项有害物质做出了限量要求。

（二）壁纸胶黏剂的污染

壁纸胶黏剂在生产过程中为了使产品有好的浸透力，通常采用大量的有毒挥发性有机溶剂，因此在施工固化期间容易释放出甲醛、苯、甲苯、二甲苯等挥发性有害物质。

五、光污染

广义的光污染包括一些可能对人的视觉环境和身体健康产生不良影响的事物，包括生活中常见的书本纸张、墙面涂料的反光甚至是路边彩色广告的“光芒”等。现在，光污染泛指影响自然环境，对人类正常生活、工作、休息和娱乐带来不利影响，损害人们观察物体的能力，引起人体不舒适感和损害人体健康的各种光。

目前，在家庭装修中，有不少人会考虑如何使室内设计得漂亮、时尚，对灯具设计方面考虑得不多，更不会考虑到灯具的光污染问题，有些人甚至对灯具的光污染毫无概念。其实灯具光污染问题在目前很常见，可以从越来越多的人视力下降、白内障患者年龄降低等看出来，灯具光污染问题十分严重。

专家认为，长期生活在颜色杂乱的灯光环境中，不仅会危害视力，还会干扰大脑中枢神经功能。对婴幼儿的影响尤为严重，不仅削弱视力，甚至还会影响身体发育。

秋冬两季，昼短夜长，人们使用灯具提供照明的时间也随之越来越长。避免家装灯具中的“光污染”，改善室内视觉环境已经是装修不得不考虑的问题。

首先，装修时应根据空间、场合及对象的实际情况，选择不同的照明方式。例如：卧室灯光比较温馨，书房和厨房要求明亮实用，卫生间则尽量温暖、柔和。通常在室内照明中，主光源为冷色调，辅助光源宜为暖色调。此外，从房间的用途来看，书房、客厅、厨房等宜采用冷色光源，而卧室、卫生间、阳台等宜采用暖色光源。

其次，照明方向和强弱也应该关注，否则强光直射入眼，会对眼部健康产生不良影响。可采用“二次照明”的方法，如将灯光打到天花板后反射下来，既不损伤眼睛，又增添浪漫的氛围。

此外，还可以实施“重点照明”，如需要看书，装一个台灯或针对区域内装一个灯即可，灯光不要太多，温馨柔和就好。

有些家庭为了让居室看起来更加富丽堂皇，并在一定程度上弥补采光不足的问题，偏爱使用颜色较亮的瓷砖装修，甚至采用室内安装多个镜面、刷白粉墙等方法。对此，专业人士指出，过分明亮的装饰面，会使反射系数高达90%，超过人体的承受范围。长期处在这样一个反光强烈、缺乏色彩的环境，眼角膜和虹膜可能受到伤害，导致视疲劳或视力下降，增加白内障发病率。同时，还会扰乱正常的生理节律，诱发神经衰弱和失眠。

因此，家庭装修时，建议挑选反射系数较小的瓷砖。由于白色和金属色瓷砖反光强烈，不适合大面积应用。书房和儿童房可考虑用地板代替地砖。假如安装了明亮的抛光砖，平时应开小灯，把“光污染”降至最低。涂料的应用也有讲究。一般可使用米黄、浅黄等代替刺眼的白色涂料粉刷墙壁，以减弱高亮度的反射光。

虽然建筑物的玻璃幕墙造成的光污染已经开始引起人们的注意，但办公室装修时其他类型的光污染却鲜为人知，特别是室内的光污染。有些办公室装修时，忽视了灯具亮度够用就行的原则，在室内大量使用高亮度的灯具。实际上，当灯具打开室内被照得一片雪亮、事无巨细时，其实已经造成亮度过剩，室内“光污染”也随之出现。假如办公室刷了亮色的墙漆，就会进一步加深这种光污染。

办公环境的光污染不仅影响人们的健康，还会引起情绪的不稳定，影响工作效率。因此专家特别提醒，办公室在进行装修设计时，可以种植一些花草，将大自然的清新色调引入室内，同时，也可以达到让人心情舒畅的效果。

六、污染的分类及处理原则

环保装饰材料只是指有害物质在国家规定的释放量以内，也就是说依然会有一定的有害气体释放量。据有关专家介绍，居室空间有一个环境容量的问题，假如环保材料使用量过多，也会使化学制剂难以迅速挥发，产生污染叠加，而造成装修污染。

因此，即使是低碳装修，也会或多或少地产生污染。我们能做的是正确处理这些潜在的危险。按照污染物的性质区分，室内环境污染物大致可以划分为以下几类：

（1）物理污染。包括交通工具产生的噪声、室内灯光照明过亮或不足、温湿度过低或过高所引起的相关问题及石棉污染等。

（2）化学污染物。主要包括从装修材料、化妆用品、涂料、厨房等处释放或排放出来的包括氨、氮氧化物、硫氧化物、碳氧化物等无机污染物及甲醛、苯、二甲苯等有机污染物。

（3）生物污染。主要指由于室内清洁工作没有做好或在湿度较大和通风较差的情况下，一些没有经常注意到的角落在适当的温度和湿度下产生的一些真菌等微生物的污染。

（4）放射性污染。主要是来自混凝土中释放出来的氡及其衰变体，还有石材制成品，如大理石台面、洁具、地板等释放出的γ射线。

装饰装修造成的室内环境污染主要是化学性污染和放射性污染，装饰装修施工中的噪声污染和粉尘污染属于物理性污染。

（一）处理污染的四大原则

1. 要注意做好室内空气的检测

冬季装修的房间可能装修完感觉不到太大的气味，这里有几方面原因，一是冬季有害气体释放量相对较低；二是冬季由于气温对呼吸系统的刺激，人的嗅觉器官相对迟钝。另外有的室内有害气体比如二氧化碳、苯系物和放射物质是无味的。

2. 不要急于入住

装修后的居室不宜立即迁入，应当留有一定时间让材料中的有害气体充分散发，同时保持室内空气流通，有利于有害气体排出。

3. 装修后要科学地选购家具

有强烈刺激气味的家具不要去买；人造板制成的家具未做全部封边处理的不要买；价格比价低，砍价特别容易的不要买；不是正规厂家生产或没有出厂检验，没有合格证的不要买。

4．合理选用治理产品

消费者应根据检测出来的不同污染物选用不同的空气净化和治理措施，目前市场上有多种多样的空气净化和治理产品，有的已经通过室内环境监测中心的检测认证，消费者可以根据不同情况采用。千万不要选用空气清新剂或菠萝皮来祛除有害物质，这些只能起到遮盖作用，往往会加重对消费者的伤害。

（二）对污染进行检测

为了提高写字楼和小区的室内环境质量，保护人民的身体健康，GB50325-2020《民用建筑工程室内环境污染控制规范》。规范中对氡、游离甲醛、苯、氨、总挥发性有机物5项污染物指标提出了浓度限制的标准。

另外，与室内环境有关的标准还有2001年12月发布的，2002年7月1日起由国家强制性执行的《室内装饰装修材料有害物质限量》。而GB/T18883-2002《室内空气质量标准》，是室内环境中的各种污染物的控制标准，包括了对装饰装修工程中的甲醛、苯等主要污染物的控制标准。

1．如何选择室内环境检测单位

消费者在选择检测单位时应注意以下几方面：看是否为国家相关部门批准的正规检测单位；看使用的是不是标准的检测方法和检测仪器；看是否有自己专门独立的实验室；看出具的检测报告是否规范，是否有CMA和CAL等相关标志；看检测人员是否有国家颁发的室内环境检测职业资格证书。

2．怎样看室内环境检测报告是否正规

室内环境检测报告是记载室内环境检测结果的重要文字材料。它的内容和结论具有科学性、权威性和法律效力。然而，因其专业性较强，许多消费者面对一张张文字、表格往往是雾里看花。

（1）查看检测单位的资质。

要认准CMA（中国计量认证）、CAL（中国质量认证），以及国家认证认可监督管理委员会颁发的 CNACL（中国实验室国家认可—深蓝色）等标志。有上述标志的单位出具的检测报告才具有权威性，同时具有法律效力。上述标志，检测单位不一定都具备，但基本的CMA认证必须具备的。也就是说不具备CMA的标识，说明该检测单位不具备检测资质，其检测报告也不具备法律效力。若检测单位同时具有三个标志，则表明该检测单位具备国家级资质认可和国际认可，当然它所出具的报告就更有权威性。

（2）查看报告所列各项数据是否符合国家有关标准。

国家标准，是指由国家相关部门颁发的检测标准，特指最近期的标准。如对室内空气质量检测执行的是《室内空气质量标准》。此标准于2002年11月19日正式发布，2003年3月1日起正式实施，而在此之前颁布的相关标准都将自行废除。也就是说同样是检测有害物质的含量，还要注意查看它执行的是哪个标准。

（3）注意查看检测报告是否有检测、标准、审批三级手续。

（4）看检测的方式、方法、措施以及使用的仪器是否符合国家相关标准的规定。这一类内容具有较强的专业性，消费者可通过询问的方式进行了解。国家对于各种有害物质的检测方式、方法、使用的仪器都有较明确的规定。如果方式、方法不当，仪器不符合规格，都会影响到结论的准确性、科学性。

（5）注意查看报告结论。

报告的结论应是非常明确的，不能出现模棱两可的情况，“不超标”“超标”以及“超多少”都应有明确的文字及数字说明。

七、室内环境净化材料的类别

装修完成后，居家空间内存在大量的有害气体，有些家庭采用茶叶、大葱、水果皮、活性炭粒处理空气中的有害气体，还有的家庭会使用空气清新剂或空气净化器来除味。

目前我国市面上的室内空气净化材料，按照净化材料的净化原理和所用材料来区分，基本上可以划分为物理类净化材料、化学类净化材料和生物类净化材料三大类。

在净化材料的物理类中活性炭、化学类中的光触媒、生物类中的生物酶，使用最为普遍，也最具代表性。

按照净化材料的使用方法来区分，目前我国市场上的室内环境净化材料大致分为下面七种形式：

（一）封闭型材料

要求产品具有超强的渗透能力和封闭能力，一方面为渗透到板材中的聚合醛类物质；另一方面为在任何材料表面形成一层具有相当硬度和耐候性的膜，能对刷剂不能渗透到或无法治理的部分起到封闭作用。耐候性强是其优点之一，采用天然材料聚合，无毒、无污染，可在板材表面形成一层坚固的薄膜，原液渗透进去中和甲醛，可以阻挡板材中剩余的游离甲醛向空气中释放。

（二）雾态喷剂型材料

这类产品配合高效无毒的天然试剂直接分解空气中的各类有害气体和异味，生成无毒无害的物质。在室内空间使用此类产品后，可有针对性地祛除装修后装修材料及建筑本身所产生的甲醛、苯、氨气等有毒气体，并对日常生活中产生的异味，如烟酒味、霉味、臭味等刺激性气味有全面的消解作用。该喷剂使用方便，一喷即可，非常适用于通风差的场所（酒吧、歌舞厅、咖啡厅、饭店等）的日常净化处理。

（三）液态刷剂喷剂型材料

这类产品利用极有渗透能力的物质作为承载体，将能够使甲醛稳定的有机物输送至板材之内，使不稳定的醛类聚合物稳定下来以达到中和的目的。使用时只需将中和型喷刷剂直接喷刷在家具中裸露的板材表面即可，直接渗透进入板材内部，主动捕捉中和板材中的游离甲醛，具有强大的消除甲醛的能力。

（四）熏蒸型材料

这类产品是由承载液、反应液和激发剂组成。激发剂激发承载液的挥发，载着反应液渗透到室内的每一个角落，几乎能和所有的有机挥发物等各类有害气体反应。使用时将该除味剂稀释后分装在容器内，置于封闭的空间内进行使用，2～4天即可消除各种异味，包括氨、苯、甲醛等有机挥发物。它的渗透力相当强，可直达其他产品不易治理的地方，直接消除污染源和挥发在空气中的各种有机挥发物，达到较为全面的标本兼治的效果。产品在使用时会产生刺激性气味，在该封闭空间内不能久驻。另外该类产品最好在入住前使用，入住后主要在家具内使用，使用时要关闭柜门和抽屉，但房间门和窗户要打开。

（五）薰香型材料

这类产品的原料是纯天然精油配合温和的燃烧剂和负氧剂，使用特制的燃烧器皿、特定设备和天然萃取原料，通过50℃的高温产生含负离子的芳香气体，以消除空气中的各种有机挥发物、细菌、螨虫、二手烟等对人体的危害，达到净化空气、美化环境的目的。

（六）固体吸附型材料

这类产品以活性炭和分子筛为主要材料，具有无毒、无味、无腐蚀、无公害的诸多特点。由于所用材料的毛细孔与空气中异味有较强的亲和力，所以能实现纯物理吸附，无化学反应。放入需要净化的房间、家具、橱柜中或者冰箱内，能驱除家庭、办公室、新家具带来的有害气体和异味。

八、甲醛的净化治理

（一）处理的主要方法

1．开窗通风

装修后应开窗、通风让室内污染空气散发，一般来说，装修后进行通风数个月后，室内甲醛浓度可降至0.08mg/m^{3}以下，达到室内合格的标准才可入住。

室内装修材料中甲醛的释放与室内温度、湿度、通风程度及材料的使用年限、使用量及材料的表面积有关，高温、高湿、负压会加快甲醛的散发速度，加强通风频率有利于甲醛的散发和及时排出。

2．室内绿化

室内种植吊兰、芦荟等植物会有效降低室内甲醛的浓度。

3．使用甲醛消除剂

（二）甲醛消除剂的分类、用途及使用

1．甲醛消除剂的分类

近几年，随着甲醛对人体的危害日渐被人们关注和重视，甲醛消除剂应运而生。目前市面上的甲醛消除剂消除甲醛的原理有三种：

（1）利用化学物质和甲醛进行化学反应，达到消除甲醛的目的，但质量低劣的产品有可能在使用以后生成新的有毒物质，形成二次污染。

（2）在不改变化学成分的基础上吸收甲醛，降低空气中的甲醛含量，这样的方式治标不治本，甲醛容易再一次释放出来。

（3）采用溶剂物质喷涂到装饰材料上形成致密保护膜以后，使甲醛、苯类等有害物质不能有效挥发，尽管这种方式不能彻底消灭甲醛，但它却是最有效的方法。

2．甲醛消除剂的主要用途

（1）可以消除胶合板、中密度板、大芯板、刨花板等人造板材中的游离甲醛。

（2）对已装修装饰的居室，在空气中进行喷雾，消除室内空气中的游离甲醛，净化装修后的室内空气。

（3）消除装修后家具、衣柜、复合地板、汽车衬垫、地毯等中的游离甲醛。

3．甲醛消除剂的使用方法与注意问题

购买甲醛消除剂首选是能把甲醛彻底分解的产品，最好还具有形成致密保护膜的功能。选择的消除剂最好是无色的或浅色的，以免在家具、板材上留下痕迹；购买时一定要看清它是否已经通过国家有关部门的质量检测。使用甲醛消除剂最好在装修之初，这样的效果会好很多。

九、氨气的净化治理

（一）少用防冻剂

冬季建筑施工时，应严格限制使用含尿素的防冻剂。

（二）少用人工合成材料

装修时应尽量减少使用人工合成板型材，如胶合板、纤维板等，还要采用无害化材料，特别是涂料，如油漆、墙面涂料、胶黏剂等应选择低毒性材料。使用装饰材料时，尽量少用或不用含有添加剂和增白剂的涂料，因为添加剂和增白剂中含有大量氨水。

（三）合理安排使用房间

氨气很多情况下是从墙体中释放出来的，室内主体墙的面积会影响室内氨的含量，居住者应根据房间污染情况合理安排使用功能。如污染严重的房间尽量不要用作卧室，或者尽量不要让儿童、病人和老人居住。

（四）通风换气

消除室内空气污染，最有效的方式是通风换气。平时应多开窗进行通风，尽量减少室内空气的污染。

（五）利用光催化技术净化室内空气

光催化技术，是光化学和催化剂二者进行的有机结合。科学家发现二氧化钛如果受到太阳光的照射时，再遇到水，水就会被分解为两个氢原子和一个氧原子，其他一些物质如有机物，在一定条件下，遇到它也会不断起化学反应而分解。这种氧化能力能使有机物分解成二氧化碳和水分子，也能降解部分无机化合物。

十、苯污染的净化治理

（一）装饰材料的选择

装修中尽量采用符合国家标准以及污染少的装修材料，这是降低室内空气中苯含量的根本。选用正规厂家生产的油漆、胶和涂料；选用无污染或者少污染的水性材料；同时必须注意对胶黏剂的选择，因为建筑装饰行业各种规定中，没有对使用胶黏剂的规定，装饰公司一般什么便宜就用什么，容易被忽视。

（二）施工工艺的选择

有的装饰公司在施工中采用油漆代替胶来封闭墙面的做法，结果大大增加了室内空气中苯的含量，还有的在油漆和做防水时，施工工艺不规范，室内空气中苯含量也会大大增高，这种空气中的高浓度苯十分危险，不但会使人中毒，还很容易发生爆炸和火灾。

（三）装饰公司的选择

要选择带有绿色环保标志的装饰公司，并在签订装修合同时明确声明对室内环境的要求，特别是有老人、孩子和有过敏性体质的家庭成员的家庭，一定要注意。现在有的绿色装饰公司已开始采用水性漆工艺，使室内有害气体大大降低。

（四）装修后的居室不宜立即迁入

居室装修完成后，要使房屋保持良好的通风环境，待苯及其他有机化合物释放一段时间后再居住。

（五）保持室内空气的净化

这是清除室内有害气体行之有效的办法，可选用质量较好的室内空气净化器和空气换气装置，或者在室外空气较好的时候打开窗户通风，有利于室内有害气体散发和排出。

十一、放射性物质污染的治理

1. 在进行家庭装修时，要合理搭配和使用装饰材料。最好不要在房间里大面积地使用同一种装饰材料。

2．为了防止室内的放射性物质过高，在新住房装修前先做一次放射性本底的检测，这样将有助于石材和瓷砖品种的选购。

3．到建材市场选购石材和建筑陶瓷产品时，要向经销商索要产品放射性检测报告，并且注意报告是否为原件，报告中商家名称和所购品名是否相符，另外还有检测结果类别（A、B、C）。

4．对没有检测报告的石材和瓷砖产品，最好的方法是请专家用仪器进行放射性检测，然后再决定是否购买。

5．已经装修完的房间，可请专业人员到现场检测，如果放射性指标过高，必须立即采取措施，进行更换。如果超标不多，可不必拆除，保持房间经常通风即可有效改善。

十二、空气净化器的选择与使用

（一）如何选购

选择室内空气净化器时除了要考虑价位以外，还要考虑以下几个因素：

1．使用的目的和要求，如是为了除味、除烟还是消除室内有害气体等。

2．要根据自己的使用条件进行选择，如根据房间的大小等来选择相应的型号。

3．要看产品的信誉如何，是否有相关权威检测部门的检测证明。

4．要检查产品的外在质量和使用功能。

（二）正确使用

选择好室内空气净化器后，要学会正确使用，使用时要注意以下几个因素：

1．在家中要经常使用空气净化器清洁空气，但是如果净化器有噪声，使用时应注意不能影响自己或他人休息。

2．要做好净化器的日常清洁和保养，要及时清洗集尘极板。

3．一些空气净化器通电使用时，应尽量避免直接接触，以防触电。

4．空气净化器使用时摆放不要放在离人体太近的地方，因为净化器周围有害气体比较多。

十三、利用植物净化室内环境

我国室内装饰协会室内环境监测工作委员会监测中心在检测中发现，在室内养一些植物可以有效地起到消除污染，净化室内环境的效果。

最近进行的植物净化室内环境有害物质的课题研究，参考和选择国家室内环境有害物质测试的有关标准，对不同植物净化室内环境中的甲醛、苯和氨气污染的效果进行了测试，结果发现，目前市场上销售的常见花卉大部分对甲醛、苯、氨气等室内环境中的有害物质有净化效果。

（一）用植物净化室内环境污染时应注意的四条原则

1．根据室内环境污染物质的种类有针对性地选择植物

某些植物对某种有害物质的净化吸附效果比较强，如果在室内有针对性地选择和养殖，可以起到明显的效果。

2．根据室内环境污染程度选择植物

一般室内环境是轻度和中度污染、污染值超过国家标准3倍以下的环境，采用植物净化可以收到比较好的效果。

3．根据房间的不同功能选择和摆放植物

夜间植物呼吸作用旺盛，卧室内摆放过多植物不利于夜间睡眠。卫生间、书房、客厅、厨房的装修材料不同污染物质也不同，要选择不同净化功能的植物。

4．根据房间面积的大小选择和摆放植物

植物净化室内环境与植物的叶表面积有直接关系，所以，植株的高低、冠径的大小、绿量的大小都会影响净化效果。一般情况下，$10m^2$左右的房间，放两盆1.5m高的植物比较合适。

同时，植物在室内的摆放和布置要与房间的装修风格和谐统一。

（二）利用花卉植物净化室内环境的健康安全“四忌”

1．忌过香

一些花草香味过于浓烈，会让人难以忍受，甚至产生不良反应，如夜来香、郁金香、五色梅等花。

2．忌毒

有的观赏花草带有毒性，摆放时应注意。如含羞草、夹竹桃、一品红、黄杜鹃和状元红等。如果家中有儿童，或者饲养猫、狗等宠物的家庭要注意。

3．忌伤害

仙人掌类的植物有尖刺，有儿童的家庭尽量不要摆放。另外为了安全，儿童房里的植物不要太高，要选择稳定性好、坚固的花盆架，以免对儿童造成伤害。

4．忌过敏

一些花卉，会让人产生过敏反应，如月季、五色梅、玉丁香、天竺葵、洋绣球、紫荆花等，肤质较为敏感的人碰触抚摸它们，会引起皮肤过敏，甚至出现红疹，奇痒难忍。

参 考 文 献

[1] 高光．居住空间室内设计［M］．化学工业出版社，2014.

[2] Louise Jones，琼斯，韦晓宇．环境友好型设计：绿色和可持续的室内设计［M］．电子工业出版社，2014.

[3] 朱淳，王纯，王一先．家居室内设计［M］．化学工业出版社，2014.

[4] DAM工作室，张小燕．田园诱惑：高端住宅室内设计［M］．华中科技大学出版社，2013.

[5] 加藤惠美子．世界室内设计：装饰陈列材料工艺［M］．中国青年出版社，2015.

[6] 安勇．延伸与衍生：地域建筑室内设计研究：interior design research of regional architecture［M］．湖南美术出版社，2012.

[7] 战颢铭，杨兆宇．室内设计原理与技能实战［M］．清华大学出版社，2011.

[8] 霍维国，霍光．室内设计教程［M］．机械工业出版社，2011.

[9] 周海萍．中国传统民居生态理念在低碳室内设计中的继承研究［D］．东北林业大学，2012.

[10] 宋广生，李泰岩．低碳家庭装饰装修指导手册［M］．机械工业出版社，2011.

[11] 类成琳．室内设计低碳模式方法初探［D］．内蒙古师范大学，2012.

[12] 刘延卫．绿色装修告别毒害［M］．宁夏人民出版社，2014.

[13] 姚雪痕．低碳生活［M］．上海科学技术文献出版社，2013.

[14] 王燕．低碳理念下的住宅室内设计应对策略研究［D］．南京师范大学，2012.

[15] 中国美术家协会．为中国而设计：2014第六届全国环境艺术设计大展优秀论文集［Desing for China 2014］［M］．中国建筑工业出版社，2014.

[16] 邱素芳．基于低碳理念的紧凑型住宅室内空间增值设计［D］．浙江工商大学，2016.

[17] 王纯．阆苑琼楼：当代酒店建筑及室内设计［M］．化学工业出版社，2016.